Helmut Veil
Der Wald und seine Plünderer

Helmut Veil

Der Wald und seine Plünderer

Forstwissenschaften und Klimaturbulenzen im 19. Jahrhundert

Humanities Online

Bibliografische Information der Deutschen Nationalbibliothek
Die Deutsche Nationalbibliothek verzeichnet diese Publikation in der Deutschen Nationalbibliografie; detaillierte bibliografische Daten sind im Internet über http://dnb.ddb.de abrufbar.

Frankfurt am Main, Germany
www.humanities-online.de
info@humanities-online.de

ISBN 978-3-941743-87-8

Umschlaggestaltung: Uwe Adam | grafik-design

Titelbild:
Johann Schmidt, Flößerei in Wolfach 1836. Städtisches Museum Wolfach

Printed in Germany

Dieses Buch ist auch als E-Book erhältlich:
www.humanities-online.de

Inhalt

Einleitung

Am 9. März 1848 zog ein Protestzug von 300 Eingeforsteten, den Berechtigten an der Benutzung des Nürnberger Staatswaldes, zum Forstamt Sebaldi, um ihre Beschwerden protokollieren zu lassen. Von diesem Zug zylinderbewehrter Herren gibt es eine kolorierte Lithografie, die den disziplinierten Geist einer alleruntertänigsten Rebellion verströmt. Immer wieder hatten die Honoratioren der den ehemaligen Nürnberger Reichswald umgebenden Gemeinden Änderungen gefordert und nie waren sie erhört worden. Der Wald, sagten sie, sei außer für die Holz- und Bauwirtschaft auch für die Landwirtschaft da. Jetzt, synchron mit den Märzereignissen in ganz Deutschland, wollten sie endlich Nägel mit Köpfen machen, ihre Rechte am Wald verteidigen und die grundherrlichen Lasten loswerden. An diesem Konflikt, der für viele in Deutschland steht, werde ich die Interessenlage der Forstberechtigten und Grundherren aufschnüren, deren Jahrhunderte lange gegenseitige Blockade zu einem erbarmungswürdigen Zustand des einst so stolzen Nürnberger Reichswaldes geführt hat. In der Endphase haben sich die Gegner regelrecht ineinander verbissen. Nichts ging mehr.

Seit zwei Generationen hatten europaweit die Klagen über Holznot und fortschreitende Entwaldung zugenommen. Die Forstleute stellten eine Entwicklung wie in Italien, Spanien, Griechenland und der Provence in Aussicht, wo ganze Landstriche verödeten, wo sich extreme Überschwemmungen mit Trockenheit und Wassermangel abwechselten und die Bevölkerung in ihrer Not zur Auswanderung gezwungen wurde. Und die, die geblieben waren, führten ein kümmerliches Dasein mit schrumpfenden Herden und durch Geröll verwüsteten Äckern.

Die Abholzungen kannte viele Väter. Rodung zur Urbarmachung, Kahlschläge des Holzhandels für Bergbau, Hausbau, Salinen, Glashütten, Köhlereien, Papierindustrie und andere Gewerke. Die kümmerlichen Wiederaufforstungen und mangelnde Naturverjüngung ging zu Lasten aller. Ihre Hauptursache lag im hohen Wildbestand für das Jagdvergnügen der Grundherrn und an der Streuentnahme zur Düngung der Felder und der Waldweide der Bauern.

Die 1848er Revolution hat in der Folge großen gesellschaftlichen Veränderungen zum Durchbruch verholfen, auch wenn die Verfassung einer Republik in Deutschland gescheitert ist. In dem in unzählige Grundherrschaften zerstückelten und weitgehend agrarisch geprägten Land verlor der Adel seine

Privilegien, die mit seinem Grundbesitz verbunden waren. Er wurde nicht enteignet, aber politisch und rechtlich in die Schranken gewiesen durch die Etablierung einer von Land zu Land unterschiedlich ausgeprägten konstitutionellen Monarchie. Ein solcher Bruch mit Jahrhunderte alten Eigentumsverhältnissen- und Privilegien wäre ohne einen langen Vorlauf, der Druck im Kessel der widerstreitenden Interessen aufbaute, nicht möglich gewesen. In Bayern zum Beispiel war die Leibeigenschaft 1808 aufgehoben worden, aber die land- und forstwirtschaftlichen Frondienste blieben bestehen. Der Adel musste nun wie andere Staatsbürger Steuern zahlen und konnte die Frondienste der Bauern nicht mehr an andere veräußern. Seine Gerichtsbarkeit wurde auf Bagatellfälle vor Ort zurechtgestutzt, das Recht, mit ihren sogenannten Fraisgerichten Todesstrafen zu verhängen, war ihm genommen. Die uralten komplizierten Rechtsverhältnisse der Servituden und der Fron bestimmten jedoch weiterhin das Leben der Bauern vor allem in ihren Ansprüchen auf die Produkte des Waldes, die angesichts eines starken Bevölkerungswachstums nicht mehr befriedigt wurden und vielerorts auch nicht mehr befriedigt werden konnten. Die Holzpreise stiegen, die Holzvorräte schwanden, die Wälder waren in einem desolaten Zustand. Im Wald entlud sich 1848 der aufgestaute Hass der Bauern auf die Willkür der Grundherren und ihrer Bediensteten zuerst.

Durch diese Entwicklungen war die Sensibilität für den Zustand des Waldes gestiegen. Die Naturwissenschaften konnten nachweisen, dass die Entnahme der Streu aus dem Wald zur Bodenverarmung und vermindertem Holzwachstum führte. Sie hatte gezeigt, dass dieses Wachstum die Mineralien und Stickstoffsalze im Boden und den Kohlenstoff aus der Luft benötigt. Liebig wird 1857 zusammen mit Carl Fraas die erste Fabrik für künstlichen Dünger errichten, der dem Wald durch verminderte Streuentnahme die Kraft zur Regeneration zurückgegeben hat. Meteorologen maßen Temperatur und Luftfeuchtigkeit und fanden Hinweise auf eine zumindest lokale Klimaänderung, wenn größere Waldgebiete verschwunden waren.

Die bisher nur dürftig gebildeten Forstleute besuchten nun Schulen, in denen sie nicht nur lernten, wie man schnell möglichst viel Holz aus dem Wald holt, sondern auch, wie der entstandene Schaden durch Aufforstung beseitigt werden kann und welche Naturgesetze dabei wirksam werden. In den Forstzeitungen häuften sich seit den 1830er Jahren die Alarmmeldungen über die Folgen der Entwaldung im Gebirge, über die dadurch ausgelöste Verschlechterung von Weiden und Ackerland, selbst in den weit vom Holzeinschlag entfernt gelegenen Tälern, über verheerende Überschwemmungen bei gleichzeitigem Wassermangel. Der Berner Forstmeister Marchand legte 1849 eine Analyse vor, die mit den vorherrschenden, extrem liberalen Wirtschaftstheorien ins Gericht ging, den bedingungslosen Besitz am Wald in Frage stellte und die Regierungen in die Pflicht nahm, um zukünftige Generationen vor der Habgier der gegenwärtigen zu schützen. Er geißelte diejenigen Ökonomisten, die vom Leben eines Baumes nur das Wachstum kennen und deshalb nur seinen Leichnam schätzen, während sie über ein ABC in den Naturwissenschaften nicht hinausgekommen waren.

Die Debatte, die er losgetreten hat, erinnert in ihren Grundmustern sehr unserer heutigen. Wissenschaftliche Aussagen über das Klima, das Hier und Heute und die Zukunft, die Unverantwortlichkeit des Wirtschaftens, Eigentumsverhältnisse und staatliches Handeln. Dass diese Auseinandersetzungen in viel kleinerem Rahmen stattgefunden haben, ändert nichts an ihrem Gehalt, sondern erhöht wegen einer geringeren Zahl von Akteuren die Transparenz für die zugrunde liegenden Probleme. Das macht sie zu einem Lehrstück in Sachen menschlicher Unvernunft und Brutalität im Umgang mit der Natur.

Der Wald sieht immer so aus, wie er sich trotz der ständigen menschlichen Zugriffe entwickeln konnte. Das soll die Bildergalerie (S. 50 ff.) zeigen, die die Ausbeutung der Ressourcen des Waldes seit dem Mittelalter dokumentiert: durch Bauern, Jäger, Gerber und Lohschäler, Ziegelbrenner und Salzsieder, durch Flößer, Schiffbauer und Köhler, durch Bergbau, Eisen- und Glashütten, von Zimmerleuten, Bleichern, Kalk- und Teerbrennern und Papierherstellern und Eisenbahnbauern. Rodungen und Kahlschläge verändern das Landschaftsbild oft für immer und wegen eingetretener Erosionen ohne die Möglichkeit, sie rückgängig zu machen. All das wird durch Bilder, die in einzelnen Fällen auch zeitliche Entwicklungen zeigen, zu einem Dokument menschlicher Aktivitäten, die die Natur nach Gutdünken gestalten oder missbrauchen. In Europa muss man die wenigen Quadratkilometer unberührter Landschaft mit der Lupe suchen, und selbst da ist sie geschädigt durch Einträge aus der Luft, durch Verdrängung der Tierwelt und durch den Tourismus.

Mit Xavier Marchand unternehme ich eine Wanderung durch das Emmental im Kanton Bern, der dort die zerstörerischen Folgen der Entwaldung studiert hat. Und in den Schweizer Jura, wo er die ökonomischen Theorien einer sich nach Angebot und Nachfrage selbst regulierenden Waldwirtschaft mit dem sturen Festhalten der Bauern an der Waldweide und dem leichtfertigen Abholzen durch Privatwaldbesitzer konfrontiert. Wenn es heißt, Eigentum verpflichtet, so sagt Marchand präzise, warum das sein muss und wie das zu erreichen wäre: Der Eigentümer genießt für seinen Besitz den Schutz des Staates, also hat er auch Regeln einzuhalten, die dieser ihm zur Verhinderung eines Schadens für die Allgemeinheit und gegen zerstörerischem Missbrauch auferlegt.

Marchand argumentiert im Jura mit den klimatischen Veränderungen, die die Bauern selbst festgestellt haben, der Verschlechterung der Weiden, wenn der Windschutz durch Wälder weggefallen ist und Grasnarben weggeschwemmt werden, wenn die Frühlingstemperaturen sinken und Nachtfröste die Obstbaumblüte schädigen. Es handelt sich um lokale Auswirkungen der Entwaldung, um örtlich begrenzte Häufungen ungewöhnlicher Wetterereignisse. Für großräumige klimatische Bedingungen nimmt er die Geschichte zu Hilfe, die Germania des Tacitus zum Beispiel, oder die erst wenige Generationen alten in der Provence, die er ausführlich auch in ihren traurigen sozialen Auswirkungen referiert. Entscheidende Parameter sind Temperatur und Feuchtigkeit, die die Wetterereignisse steuern. Die mittlere Jahrestemperatur spielt schon eine Rolle, auch sie bleibt ein lokales Phänomen oder erklärt die niedrigere Temperatur und höhere Feuchtigkeit der Wälder Sibiriens aus lokalen Bedingungen. Andere Möglichkeiten der Erklärung hatte er noch nicht, aber sie genügten vollkommen, um den identifizierten Beteiligten am Desaster die Leviten zu lesen.

Marchand war mit seinem Aufschrei nicht der erste, aber der wirkmächtigste der Mahner unter den Forstleuten. Das lag an seiner gekonnten Verknüpfung von naturwissenschaftlicher Erkenntnis mit einigen Konstanten des menschlichen Charakters und der blutleeren, gewissen- und substanzlosen Phraseologie nationalliberaler Ökonomen. Aber es lag auch daran, dass die Zeit reif war, endlich mit den jeder wissenschaftlichen und wirtschaftlichen Vernunft Hohn sprechenden Attacken auf den Wald aufzuhören, damit er nicht vollends verschwindet und riesige Ländereien als den Wetterunbilden ausgesetzte Wüsteneien und durch Geröll unbrauchbare Felder hinterlässt. Die Nationalökonomie wurde aufgefordert, eine gesamtgesellschaftliche Rechnung über den Nutzen des Waldes aufzustellen, in der der Wald mehr sein sollte als nur ein Holzlager, das kapitalisiert und in Geld verflüssigt werden kann. Er hatte Funktionen für die ganze Bevölkerung zu erfüllen, einen ausgeglichenen Wasserhaushalt und ein ausgeglichenes Klima aufrecht zu erhalten, und er sollte die Seele zu erfreuen, wie es der Züricher Forstmeister Elias Landoldt sah, der sich auch deshalb gegen den Wald als bloßen Diener der Landwirtschaft zur Wehr setzte.

Die 1848er Revolution hat alle Extremforderungen an den Wald nach oben gespült und sichtbar gemacht. Der seiner Vorrechte beraubte grundbesitzende Adel wollte jetzt die freie Verfügbarkeit über seine ausgedehnten Wälder und sich nicht mehr an die althergebrachten Nutzungsrechte von Bauern und

Eingeforsteten halten, oder er sah, wie die Bürger unter den Waldbesitzern, in dem beginnenden industriellen Boom das schnelle Geld und wollte den Wald so bald wie möglich versilbern. Die Gemeinden folgten dem Trend nach freier Verfügbarkeit und teilten ihre bisher gemeinsam genutzten Wälder in viel zu kleine Parzellen unter ihren Angehörigen auf, die eine Waldwirtschaft nahezu unmöglich machte und den einen oder anderen neuen Besitzer zum kahlschlagenden Holzspekulanten werden ließ.

Die Ablösung der Grundherrschaft hat dem Wald zunächst nicht gut getan. Er wurde von allen Beteiligten in einem anarchischen Ausbruch persönlicher Habgier geplündert, so dass die Regierungen der konstitutionellen Monarchien sich eine nach der anderen gezwungen sahen, eine Oberaufsicht durch Forstbeamte einzuführen und Forsteinrichtungen zu verlangen, in denen der Holzvorrat gemessen und die Menge des Einschlags ohne Schädigung des Waldes bestimmt wurde. Wälder galten jetzt als ein Bestandteil des Nationalvermögens, das nicht durch ein verantwortungsloses Handeln ihrer Eigentümer verschleudert werden durfte. Und man konnte über ihre Besteuerung Staatseinnahmen generieren oder in Staatsforsten selbst vom boomenden Holzbedarf der Industrialisierung profitieren.

Die Finanzbehörden in den Ländern haben daher beflissen die Größe dieses Vermögens berechnet und den daraus zu erzielenden Zins mit dem Zins aus anderen Geschäftsbereichen verglichen. Entscheidend für den weiteren Umgang mit den Staatswäldern war, dass nun auch der zu erwartende Holzzuwachs in Geld ausgedrückt und bei Privatwäldern für die Festsetzung der Grundsteuer benutzt wurde. Der zu »erziehende« Holzzuwachs wird die schnell wachsenden und an Industrie und Eisenbahnbauer gut zu vermarktenden Fichten und Kiefern bevorzugen und den Monokulturen des 19. und 20. Jahrhunderts den Weg bereiten.

Während das gesellschaftliche Klima 1848 heiß lief und sich auch am Wald entzündete, Ökonomen Allgemeinwohl auf das Nationaleinkommen reduzierten und auch Waldbesitzer unbegrenzte Freiheiten forderten, bemerkten einige Politiker und wissenschaftlich geschulte Förster wie Emil Adolf Roßmäßler die sträflichen Folgen einer Vernachlässigung fundamentaler Naturzusammenhänge. Roßmäßler wollte »den Wald unter den Schutz des Wissens Aller« stellen und plante gar einen Internationalen Kongress der Zukunft, auf dem Staaten zum gemeinsamen Handeln gegen die Veränderungen des Klimas verpflichtet werden sollten. Aber solche Idealisten hatten einen schweren Stand. Sie wurden von den Traditionen landwirtschaftlicher Nutzung ausgebremst und von der internationalen Dynamik der industriellen Entwicklung überrollt, die dem Wald nicht die Zeit gelassen hat, die er für eine ausgewogene Entwicklung braucht. »Wir wollen nicht darben, damit unsere Enkel schwelgen«, dieser Spruch, den der Herausgeber der *Allgemeinen Forst- und Jagdzeitung*, Freiherr von Wedekind, immer wieder von den Bauern zu hören bekam, ist auch heute noch geeignet, den Grundkonflikt zwischen einer hemmungslosen Ausbeutung der natürlichen Ressourcen jetzt und einem pfleglichen Umgang mit ihnen im Blick auf morgen zu beschreiben.

Der Protestzug der Nürnberger Forstberechtigten vor das Forstamt Sebaldi 1848

Zur Vorgeschichte von 1848 gehören die Hungersnöte von 1846/47, die der arbeitenden Bevölkerung drastisch vor Augen führten, wie wenig sich die hohen Herrschaften für ihr Wohlergehen interessierten. Seit 1844 hatte die Kartoffelfäule, eine Pilzkrankheit, die Kartoffelernte in Europa schwer geschädigt und in Ländern wie Irland zu einer entsetzlichen Hungersnot geführt. Dazu waren in den Folgejahren durch witterungsbedingte Einbußen Missernten beim Getreide gekommen, in deren Folge Teuerung durch Spekulation einsetzte, die die Armen der Städte und auf dem Land am schlimmsten trafen. Im Frühjahr 1847 gab es auch in Bayern, vor allem im Obermaingebiet und in der Pfalz Hungerrevolten, die militärisch niedergeschlagen wurden. Die Königlich Bayerische Regierung erließ eine Verordnung gegen den Getreidewucher, Polizeiarrest von 8 bis 14 Tagen und Verlust der Konzession für den Getreidehandel.[1] Tatsächlich trug die bayerische Regierung selbst einen Teil der Verantwortung für die Teuerung, da sie die an sie gegangenen Getreideabgaben nicht, wie vorgesehen, für eine solche Situation vorgehalten, sondern umgehend meistbietend versteigert hatte. Ähnliches galt für die Getreidespeicher der Grundherren und der Geistlichkeit, die durch Absprachen die Teuerung verstärkten und auch bei schlechter Ernte die Abgaben nicht reduzierten.[2] Ein anonymes Flugblatt mit dem Titel »Der deutsche Hunger und die deutschen Fürsten« wurde im August 1847 zwischen Neustadt an der Weinstraße und Dürkheim auf den Wegen verteilt, die Distributoren Friederike Cohen, eine in Karlsruhe geborene Jüdin, und der Student Carl Blind, Republikaner aus Mannheim, wurden festgenommen. Sie saßen zwei Monate in Untersuchungshaft in Speyer.[3] Ein Ausschnitt aus der Flugschrift zeigt ihre Stoßrichtung gegen eine prassende Despotie und politische Willkür:

»Wie ein Wüstenthier stürzt sich der hohläugige, knochige Geselle, der Hunger, über die deutschen Länder und ergreift seine Beute. Greift er die FETTEN? Nein, dieses Raubthier hat ein anderes Gelüste, als die übrigen: es sucht nur magere Beute ... Während in den deutschen Ländern, die Brod genug für alle ihre Bewohner hervorbringen, der Hunger wüthet und das Volk überall zur Empörung treibt, herrscht in der Schweiz, der brodarmen Schweiz, die auf dem größten Theil ihres Berglandes keinen eßbaren Halm erzeugt. und der noch dazu rings von den Despotenländern die Zufuhr abgeschnitten ist, völlige Ruhe. Woher das? Es rührt daher, dass die Schweiz eine

Republik, ein freies Land ist, welches keine Millionen vergeudende Despoten, kein stehendes Militär, kein Heer von überflüssigen Beamten, keinen mittelalterlichen Adel zu füttern hat. Es kommt daher, dass die schweizer Regierungen vom Volke gewählt, zeitig für das Volk sorgen und sorgen müssen, wenn sie regieren wollen. Es kommt daher, das die freie Presse und das offene Staatsleben in der Republik den Volksbetrug unmöglich macht. Es kommt daher, daß die Gleichheit Aller keine Stellungen zulässt, in welchen der Betrug durch die Demuth von ‚Unterthanen' geschützt ist...«. Die Verklärung der Schweizer Demokratie, die zwischen konservativen und liberalen Kantonen zerrissen wurde und wenig später auf einen Bürgerkrieg zusteuerte, war naiv und blind für die soziale Not vieler ihrer Bewohner, die als Mittel gegen den Hunger immer häufiger die Auswanderung dem vermeintlichen Paradies vorzogen. Die deutschen jungen Träumer sahen nur Despotie, die sie hassten, und Demokratie, die sie erhofften.

Die Flugschrift wurde am 10. September 1847 im Mannheimer Morgenblatt mit den zensierten Leerstellen veröffentlicht. Es fehlte unter anderem der Angriff auf den bayerischen König Ludwig I., der zur allgemeinen Empörung seine Maitresse Lola Montez zur Gräfin Landsfeld gemacht und mit üppigen Zuwendungen ausgestattet hatte: »In der Schweiz wäre es nicht möglich, daß ein Staatsoberhaupt, wie der Herr Ludwig in München, 32 Millionen erübrigte Volksgelder an Paläste und Maitressen vergeudete und doch noch mit Lebehochs empfangen würde.« Ludwig hatte es zu weit getrieben, und die Empörung der Bayern war groß angesichts rekordhoher Lebensmittelpreise und sinkender Löhne.

Nürnberg, 9. März 1848

Am 4. März 1848 stürmten Demonstranten das Münchner Zeughaus und bewaffneten sich. Am 9. März zogen die Nürnberger Forstberechtigten mit Zylinder und Sonntagsanzug vor das Forstamt Sebaldi.

Der seltsame Zug wurde angeführt von den Heroldsbergern, an der Spitze mit blauem Federbusch ein alter Herr mit einer Gemeindebinde am Arm. Mit Heroldsberger sind hier die Bauern aus dem Ort Heroldsberg gemeint, in direkter Nachbarschaft zu Kalchreuth, nur zwei Kilometer östlich von Erlangen am Tennenloher und Kalchreuther Forst. Alle Beteiligten zeigten als Ausweis ihrer Staatstreue Kokarden am Hut. Der Nürnberger Reichswald war nach einem preußischen Intermezzo seit 1810 königlich bayerischer Forst. Das Forstamt Sebaldi in Nürnberg, seit 1838 mit dem Forstmeister

Abbildung 1: Der Protestzug der Nürnberger Forstberechtigten vor das Forstamt Sebaldi 1848. Stadtbibliothek im Bildungscampus Nürnberg, Nor. 574.2°(2).

Karl Friedrich Seippel (1798-1856), einem Mitglied des Pegnesischen Blumenordens und nach den Märzereignissen im November 1848 ins Forstamt Bayreuth versetzt, war für die Reviere Behringersdorf, Dormitz, Erlenstegen in Herrenhütten, Kleingscheit in Heroldsberg, Kraftshof, Neunhof, Buckenhof und Tennenlohe in Erlangen zuständig.[4]

Der ehemalige Nürnberger Reichswald wurde von zwei Forstämtern verwaltet. Das Laurenzer Forstamt lag 1848 in der Lammsgasse in Nürnberg, das Sebalder in der Laufergasse. Auf dem Bild zu sehen ist der Laufer Torturm im Nordosten, neben dem die Straße durch die Stadtmauer nach Heroldsberg und Kalchreuth führte.[5] Bei dem distinguierten alten Herrn an der Spitze handelte es sich entgegen der Zeitungsmeldungen nicht um irgendeinen Gutsbesitzer, auch nicht um irgendeinen Gemeindediener, sondern um den Gemeindevorsteher von Heroldsberg, Georg Herrmann, genannt »der alte Letter«.[6]

Herrmann gehörte zu den gewählten Geschworenen der Kreisbewohner in den Sitzungen des Landrats von Mittelfranken vom 2. bis 17. Oktober 1847, verfügte also über institutionellen Rückhalt bei den umliegenden Gemeinden, als er sich an die Spitze des Zuges setzte.[7]

Abbildung 2: Reichsstädtisches Landgebiet von Nürnberg 1505-1806. Nürnbergische Pflegämter und Pfarrorte. Wikipedia, Geschichte der Stadt Nürnberg. Quelle leider unbekannt. Pflegämter waren Verwaltungssitze. Die Reichsstadt Nürnberg hatte ihr Gebiet in elf Pflegämter und zwei Waldämter unterteilt. Das Waldamt Sebaldi im Norden, das Waldamt Laurenzi im Süden, im Knie zwischen beiden Nürnberg und in der Ausbuchtung östlich des Waldamts Sebaldi Heroldsberg, aus dem die Anführer der protestierenden Forstberechtigten stammen. Die Pegnitz trennt die beiden Wälder. Die Verwaltungsgrenze des Pflegamts Lauf durchschneidet beide Wälder, ein Kompetenzwirrwarr war vorprogrammiert.[8]

Der Korrespondent der in Augsburg erscheinenden und überregional gelesenen *Allgemeine Zeitung* hat den Protestzug beobachtet und lebhaft in seiner gravitätischen Disziplinertheit beschrieben:[9]

»Nürnberg, 9. März. Diesen Morgen zog in geschlossenen Reihen eine große Anzahl von Bauern aus der Umgegend hier ein, an ihrer Spitze schritt ein stattlicher alter Mann mit einem großen Federbusche auf dem Hut einher. Sie verhielten sich ganz ruhig und machten Halt vor dem Gebäude des

Forstamts Sebaldi, wohin sie eingeforstet sind; eine aus 30 Mann bestehende Deputation begab sich ins Amtslocal, wo sie 20 Punkte als Beschwerden wegen Verweigerung und Schmälerung der ihnen zustehenden Bezüge aus den k. Forsten dem Amtsvorstande vortrugen, und deren endliche Abstellung, um die man schon vielfach bei den vorgesetzten Behörden gebeten hätte, verlangten. Der Forstmeister ertheilte die nöthige Auskunft und gab zu daß ihre sämmtlichen Klagepunkte zu Protokoll genommen wurden, selbst der letzte derselben daß er selber seines Amtes entsetzt werden sollte wenn alle Inrichten (?) sich bei nähern Untersuchung von Gerichtswegen bewahrheiten sollten, fand unverweigerte Aufnahme. Die Bauern warteten mehrere Stunden lang ruhig die Rückkehr der Deputation ab, und ließen sich durch das aufgestellte Militärpiket nicht beirren; sobald die ihrigen wieder bei ihnen waren, zogen sie wie sie gekommen, wieder ab. Zur Vorsorge hatte man die Hauptwache bedeutend verstärkt. Die Bauern-Demonstration zog natürlich eine Menge Neugieriger herbei, doch blieb dies ohne weitere Folge. In Gräfenberg soll, so erzählten die Bauern, dieser Tage eine ähnliche Demonstration vorgefallen seyn, und bereits heißt es, daß die Bauern allenthalben ihre Klagen gegen Beamtenwillkür und deren Abstellung in Masse den betreffenden Gerichtsvorständen vorzutragen sich anschicken«.

Es folgte ein Rauschen im Blätterwald, das noch in Berlin zu hören war. Der *Nürnberger Kurier*[10] hatte schon am 10. März kurz über die Demonstration berichtet und von einer großen Anzahl Bauern aus Kalchreuth und Umgebung gesprochen und davon, dass der stattliche Mann an der Spitze auch eine Gemeindebinde am Arm trug und dass es um die Abgabe von Streu und um Holzbezüge gegangen war und sie anschließend zum Forstamt Laurenzi weitergezogen waren. Das *Ansbacher Morgenblatt* vom 12. März machte nur kurz Meldung und betonte den friedlichen Verlauf.[11] In der *Leipziger Zeitung* vom 14. März liest man von 300 Bauern und von einem Gemeindediener an der Spitze. In Gräfenberg und Altdorf hätten schon ähnliche Demonstrationen stattgefunden, und aus mehreren Städtchen werde berichtet, dass man den Vorständen der Landgerichte mit Demonstrationen drohe.[12] Die *Königlich privilegirte Berlinische Zeitung von Staats- und gelehrten Sachen* vom 13. März spricht von Bauern und Gutsbesitzern in der Demonstration und macht keine Angaben über den Mann an der Spitze.[13] Auch der *bayerische Gebirgsbote* vom 17. März weiß von Gutsbesitzern und dem Weiterziehen zum Forstamt Laurenzi und gibt dem Federbusch auf dem Kopf die Farbe blau.[14] Der *Bayerische Eilbote* vom 12. März nennt als einzige Zeitung den Namen des Forstmeisters Seippel. Auch bei ihr ist der Mann an der Spitze ein Gutsbesitzer.[15] Alle Zeitungen betonen das musterhaft ruhige

Verhalten der Teilnehmer, die offensichtlich beweisen wollten, dass sie nicht zu den Aufrührern der Märzereignisse gehören wollten. Dass die Bauern von einigen Journalisten als Gutsbesitzer angesehen wurden, ist zwar irritierend, entspricht aber ihrer rechtlichen Lage. Als Besitzer eines Hofguts waren sie forstberechtigt, konnten Holz beziehen, Waldstreu für ihre Felder entnehmen und die Waldweide ausüben.

In seinem Rückblick auf »das ewig unvergeßliche Jahr 1848«, einer mit Lithografien angereicherten Sammlung von Reportagen des Dresdner Volksschullehrers Johann Gottfried Zschaler (geb. 1805), wird aus der disziplinierten Demonstration von Bauern im Sonntagsstaat ein Akt der Gewalt wie die Plünderungen andernorts. »In den beiden Nächten – den 12. und 13. März – wütheten die Bauern von Burgkundstadt, Redwitz, Küps, Langenstadt und Schmölz gegen die adeligen Besitzer; man zertrümmerte die Schlösser und Vorräthe und raubte und plünderte nach Herzenslust. Eine Rotte von 20 Personen verheerte die Wohnungen der Juden, die Bedrückten mußten sich auf der Eisenbahn nach Bamberg flüchten. Mancher Adlige trug Wunden von diesen Unruhen, mancher mußte sein Seckel öffnen, um das Verlangen der Raublustigen zu stillen. Wie die Bauern mit Gewalt einzuschreiten wußten, davon nur ein Beispiel. 300 Bauern, ein Gemeindediener, dessen Arm mit einer Dienstbinde und dessen Hut mit einem großen Federbusch geschmückt war, führte sie in einem regelmäßigen Zuge in die Stadt. Vor dem Gebäude des Forstamtes Sebaldi stellten sie sich ganz militairisch auf, 30 Mann – als Deputation – gingen ins Amtslocal und trugen in ernsten nachdrücklichen Worten dem Forstmeister 20 Beschwerdepunkte wegen Verweigerung von Streu, von Holzbezügen etc. vor. Sie verlangten sofortige Abstellung dieser Beschwerden, indem sie nicht eher von dannen gehen würden. Was konnte man thun? Man mußte es versprechen, und so zogen die Bauern wieder marschmäßig aus der Stadt.«[16]

So aufmüpfig kannte man die Bauern bisher nicht. Sie galten als geduldige Arbeitsmänner, die ihre Fron ertrugen und den Herrschaften zu Willen waren. Der wohlorganisierte und disziplinierte Protest der Nürnberger Eingeforsteten wirkte daher wie eine Bedrohung durch ein kampfbereites Bataillon Infanterie, selbst auf den demokratischen Revolutionär Zschaler, der sich in Dresden in der Friedrichstraße 46 mit Bakunin und anderen Revolutionären traf und wegen seiner Schriften verfolgt wurde.[17]

Andere vermuteten Aufwiegler im Hintergrund, denn von alleine wären die Bauern ja niemals auf die Idee gekommen, ihre Forderungen so massiv, wohlorganisiert und diszipliniert vorzutragen. Am 24. Mai 1848 schaltete »ein mittelfränkischer Forstmann« anonym eine Stellungnahme in der *Mit-*

telfränkischen Zeitung, in der er Dr. Carl Gottlob Rehlen (1803-1857), von 1836 bis 1850 Pfarrer in Kalchreuth und Mitglied der Gesellschaft deutscher Naturforscher und Ärzte, übel beschimpft. Rehlen habe die Bauern in seiner Erklärung zur Kandidatur für das Frankfurter Parlament aufgewiegelt und wolle ihnen »in kürzester Zeit zum höchsten Wohlstand« verhelfen mit einem Programm, das »die schnellste Beseitigung der gutsherrlichen Lasten und die bessere Verwaltung der herrschaftlichen und Staats-Waldungen zum Nutzen der Landwirthschaft« zum Ziel habe. Die bisherige Verwaltung sei »ein Fluch für uns, einen ewigen Zorn erregend, der uns zum Schwerte hätte greifen lassen mögen«. Rehlen mag ja nicht unrecht haben, so der anonyme Denunziant, wenn er den überhöhten Kornpreis, den die Nürnberger verlangen, und den Sterbe-, Tausch- und Kaufhandlohn meine. Aber wegen dieses Satzes mit dem Schwert, mit dem Rehlen eine Brandfackel in die schon aufgeregten Bauern schleudere und sie aufwiegle, will der Forstmann ihn für »urtheilsunfähig« erklären lassen und schleunigst in eine Anstalt einweisen, um seine republikanische Auffassung radikal zu heilen. Man könne auch vermuten, dass er sich bei den Bauern einschmeicheln wolle, um sich wählen zu lassen, vielleicht sei er aber nur enttäuscht, dass die Geschenke der Bauern ihm in letzter Zeit immer spärlicher flössen und er sie für die Frau Pfarrer wieder flott machen wolle.

Sehr wahrscheinlich steckt der von den Protestierenden beschuldigte und zutiefst gedemütigte Seippel vom Forstamt Sebaldi als wohl informierter Forstmann aus der mittelfränkischen Region um Erlangen, Nürnberg und Ansbach hinter dieser gemeinen anonymen Anklage, die Rehlen zwar nicht in eine Anstalt, sehr wohl aber wegen aufrührerischer Reden ins Gefängnis hätte bringen können. Es wäre Seippel zuzutrauen. Jedenfalls hat der in seiner Försterehre tief getroffene Seippel vor seiner Versetzung nach Bamberg am 4. Oktober zum Mittel der Anzeige in eben dieser Zeitung gegriffen und bekannt gemacht, dass seine Rechtfertigung der Vorwürfe bei der Demonstration vom 9. März den umliegenden Magistraten von Erlangen, Nürnberg, Fürth, Neunkirchen etc. und königlichen Behörden »in gerichtlich beglaubigter Abschrift« und mit behördlicher Erlaubnis zugestellt worden sei und dort eingesehen werden könne.[18] Dieses Dokument ist leider nicht mehr auffindbar. Die Methode, sich über Anzeigen zur Wehr zu setzen, wäre Seippel also nicht fremd gewesen.

Nur zwei Wochen später antworteten 68 Unterzeichner aus zahlreichen Gemeinden, darunter auch Heroldsberg, in einer Anzeige in derselben Zeitung auf die Injurien des mittelfränkischen Forstmanns. Böswillig und gehässig sei er. Man brauche nicht Forstwissenschaft studiert zu haben, um zu wissen, »daß die Waldungen außer zu Holz- und Baubedürfnissen noch ganz insbesondere zur Landwirthschaft da sind, daß überhaupt mit derselben die Forstwirthschaft eben so innig verbunden ist, als der Wald selber mit der daulichen Flur« (verdaulichen, zur Ernährung geeigneten. H.V.). Seit Jahren habe das Forstamt Sebaldi unter tausendfältigen Kränkungen und Ärger die landwirtschaftlichen Bedürfnisse nicht berücksichtigt. Der Hass und Ingrimm der Anwohner des Sebalder Waldes liege auf diesem Forstamt, und genau dies sei Dr. Rehlen wohl bekannt gewesen. Dass er damit nicht falsch gelegen habe, bewiesen die neuesten Streuanweisungen der königlich bayerische Regierung. Auf Veranlassung von Herrn Bestelmeyer habe sich Minister von Lerchenfeld dahingehend erklärt, dass »die Kreisregierungen angewiesen werden würden, die Waldungen vorzugsweise zum Wohl der Unterthanen zu verwalten«. Und so leicht ließen sie sich nicht aufregen und zum Aufruhr anstacheln. »Fragt die Jahrhunderte vor uns, fragt die Herren Patrizier Nürnbergs, ob wir nicht immer ihre getreuen, gehorsamen Unterthanen gewesen sind! ... Ja, es ist wahr, der Fortbestand der grundherrlichen Lasten war fortan eine Unmöglichkeit, aber gerade deswegen wußten wir, wie thöricht jede Ungesetzlichkeit wäre, weil nun ihre Aufhebung auf gesetzlichem Wege nothwendig geschehen müßte, und hätten die Stände des Landes es nicht gethan, so gewiß doch das Parlament in Frankfurt«. Der Aufruhr sei geflogen von Staat zu Staat und eben nicht von Dorf zu Dorf. »Der Bauernstand ist eine Burg gegen Gesetzlosigkeit«. Und voller Pathos beschwören sie am Schluss, dass sie nach dem königlichen Ablösungsgesetz allen die Hand reichen, auf ihren Türmen die dreifarbige Fahne und die Fahne unseres Königs aufpflanzen werden: »sie mögen freudig hinausflattern in das Land zum Zeugnis der Geburt einer neuen Liebe für König und Vaterland«.[19]

Der genannte Gustav Freiherr von Lerchenfeld war Jurist und Gutsbesitzer in Heinersreuth bei Bayreuth, Budgetreferent und nach den Märzunruhen zunächst Innen-, dann Finanzminister. In einer geheimen Sitzung der Kammer, am 27. März 1848, sagte er, dass er bezüglich des Forstwesens am 21. März bereits Anweisungen erteilt habe. Der genannte Johann Georg Bestelmeyer war Tabakfabrikant in Nürnberg, II. Bürgermeister, Mitglied der Abgeordnetenkammer in München und dort Vertreter des radikalen liberalen Flügels. Als Tabakfabrikant hatte er ein Eigeninteresse an der ausreichenden Versorgung der Bauern mit Waldstreu, da sie sonst nicht mehr Tabak, sondern Getreide anbauten, um an das Stroh für die entgangene Waldstreu zu gelangen. Diese aus Laub und Nadel bestehende Bodendecke der Wälder wurde in den Ställen als Unterlage verteilt und zusammen mit dem Dung als Mist auf die Felder ausgebracht. Der Bedarf an Waldstreu war gestiegen, nachdem die Bauern immer häufiger zur Stallhaltung des Viehs übergegangen waren und die eigene Getreideproduktion nicht mehr genügend Stroh lieferte.

Eine kurze Vorgeschichte der Waldnebennutzungen im Sebalder und Laurenzer Wald

Die Auseinandersetzung um die Waldstreu und anderen, den Bauern zustehenden Nutzungen des Waldes, begannen schon in den 1790er Jahren mit den Versuchen der Preußen, ihr zersplittertes Fürstentum Ansbach-Bayreuth durch Aufkäufe und militärischen Druck in Franken zu arrondieren. Der preußische Verwalter des Fürstentums und spätere preußische Minister Karl August Freiherr von Hardenberg benutzte zur fraglichen Legitimierung der territorialen Ansprüche die althergebrachten Rechte der Blutgerichtsbarkeit von Fürsten, Bischöfen und Nürnberger Patriziat, deren Grenzen in der Fraiskarte festgelegt waren (siehe Abbildungen 3a, S. 22/23) 3b, S. 24).

Abbildung 3a: »Große Wald- und Fraißkarte von Nürnberg« von Jörg Nöttelein (1525-1567). Kupferstich 89 x 84 cm. Reichsstadt Nürnberg, Karten und Pläne 244. Staatsarchiv Nürnberg. Die Karte des Sebalder und Laurenzer Waldes aus dem 16. Jahrhundert im Maßstab von ca. 1:50 000 zeigt viele Einzelheiten des Waldzustandes und seiner Nutzung. Eine Fraiskarte markierte die Grenzen zwischen hohen Gerichten, die die Blutgerichtsbarkeit ausüben, das heißt zu Tod und Verstümmelungen verurteilen durften. Freie Reichsstädte wie Nürnberg und die Fürstentümer besaßen dieses Recht der Blutgerichtsbarkeit. Es wurde ihnen erst zu Beginn des 19. Jahrhunderts genommen. Einige Patrizier behielten eingeschränkte Gerichtsbefugnisse eines Patrimonialgericht II. Klasse, vergleichbar einem Notariat. Voraussetzung war eine Herrschaft mit mindestens 300 Familien wie die des ehemaligen Landgerichtsassessors Johann Sigmund Karl Geuder Freiherr von Heroldsberg (1785-1851) aus einer alten Nürnberger Patrizierfamilie, des letzten Vorsitzenden des Patrimonialgerichts von Heroldsberg.[20] Die Dorfnamen rund um den Wald erinnern an den Gebrauch des Waldes durch den Menschen: Lohe (Rinde mit Gerbstoffen), Ziegelstam (Wasserschloss Ziegelstein der Nürnberger Patrizier Haller mit Dorf), Küeberg (Waldweide), Wildenreut (Rodung), Büch (Buche), Haselhof, Tennenlohe, Eschenaw, Sperberslohe.

Schwabach. Fl.
Der
Wald
Se
Nurnberg
Nidergang
Fürth
Alten Berg Burg.
Altenberg.
Straß nach Onoltzbach
Der
Wald
Rotenbach.
Schwabach.

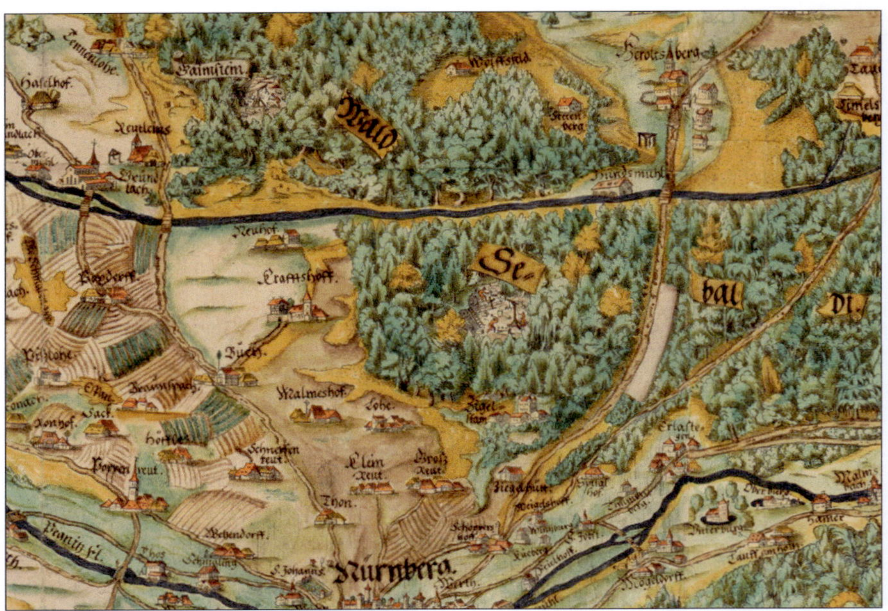

Abbildung 3b: »Fraißkarte«. Ausschnitt Sebalder Wald. Es ist noch ein gut sortierter Mischwald, in seiner Fülle und Zusammensetzung nicht zu vergleichen mit den mickrigen Kiefern- und Fichtenbeständen um die Mitte des 19. Jahrhunderts. Am rechten oberen Bildrand Heroldsberg mit der imposanten Wehrkirche, der dazu gehörenden Hundsmühle südlich davon und mit dem Galgen des Fraisgerichts der Nürnberger Patrizier Geuder samt erhängtem Delinquenten. Die Hundsmühle ist ein Beispiel für die komplizierten Rechtsverhältnisse im Sebalder Wald. Sie hatte ein Waldrecht zum Bezug von Holz, zur Entnahme von Streu und zur Weide, die Mühle war ein Erbzinslehen (Erbpacht mit Frondiensten) der Geuder aus Heroldsberg, aber das dazu gehörige »Gütlein« ein Erbzinslehen des Waldamtes Sebaldi, ebenfalls mit Frondiensten belastet.

1805 wurde das preußisch verwaltete Fürstentum Ansbach-Bayreuth unter Eingliederung von Nürnberg französisch und 1806 königlich-bayerisch von Napoleons Gnaden. Die wechselnden Besitzverhältnisse und Zuständigkeiten im Nürnberger Wald waren fünfzehn Jahre lang so verworren, dass keiner mehr recht wusste, auf welcher Rechtsgrundlage welche Leistungen für Eingeforstete gelten sollten. Der Regierungs- und Kreisforstrat in Ansbach, Christian Friedrich Meyer (1777-1854), »fand als technischer Referent der Regierung zu Ansbach wegen der zerrissenen Territorialverhältnisse des noch dazu mit den verschiedenartigsten Servituten belasteten Regierungsbezirkes ein schmieriges Feld vor«.[21]

Abbildung 4: Adam Gottlob Schirach, Wald-Bienenzucht. Breslau 1774. Kupferstich. Die Imkerei dient hier als Beispiel für das ausgefeilte Regelwerk, das seit dem Mittelalter über die Nutzung der Wälder gelegt worden war und sich in Servituden und Privilegien niedergeschlagen hat. Das Privileg der Bienenzüchter geht auf Kaiser Karl IV. zurück, der 1350 die berühmten Aufforstungsversuche im Nürnberger Reichswald durch die Familie Stromer legalisierte und das Privileg der sogenannten Zeidler als ein Erblehen des Reiches etablierte. Es beinhaltete eine eigene Gerichtsbarkeit und, wie bei den erblichen kaiserlichen Förstern, Haus- und Grundbesitz. Die sogenannten Zeidler mussten dem Kaiser dienen »mit sechs Armbrüsten und zu denselben Armbrüsten soll man ihm geben Pfeil, was ihr bedürfen«, und sie hatten ihr Quantum Honig abzuliefern.[23] Die Attribute des Zeidlers mit der Armbrust sind auch noch auf dieser Abbildung 400 Jahre später zu sehen, als die kaiserlichen Rechte längst an die Reichsstadt Nürnberg übergegangen waren.

Es ging beim Waldstreu um große Mengen, um jährlich 24 600 Fuder, der Kapazität eines zweispännigen Transportwagens. Dafür mussten von den Waldgenossen 12 Kreuzer, von Fremden 24 Kreuzer bezahlt werden. Die Revierförster hatten bei der Zuteilung das Sagen, mit allen Möglichkeiten kleiner Gefälligkeiten von Seiten der Forstberechtigten, um die Menge der Streu zu erhöhen.[22] Die Forstberechtigten wehrten sich dagegen, dass sie plötzlich für die Sommerstreu 30 Kreuzer pro Fuder zahlen sollten, immerhin den Lohn eines Tagelöhners. Der Streit ging vor Gericht und wurde nie endgültig entschieden.

Als 1810 im Königreich Bayern mit der Ablösung der alten Forstrechte begonnen werden sollte, für die eine Entschädigung der bisherigen Nutzungsrechte der Eingeforsteten in Form von Wald- oder anderer Grundfläche festzustellen war, gab es Streit über die Höhe der Entschädigung für die Bauern. Die Forstberechtigten sahen nicht ein, warum sie nur für ihren Brennholzgenuss, nicht aber für das bisher bezogene Bauholz mit Grund und Boden entschädigt werden und die Forstberechtigten ohne Grundbesitz leer ausgehen sollten. Sie sahen auch nicht ein, warum sie kein Leseholz mehr entnehmen durften und der Nutzwert durch entgangene Streu und Weide nicht in Rechnung gestellt werden sollte. Die Abgabe von Bauholz war seit jeher ein ständiger Anlass für Streit, in dem sich die Forstämter nach einem Nürnberger Ratsbeschluss wie eine Baubehörde betätigten, die die Renovierung oder den Bau von Häusern aus Mangel an Bauholz untersagen konnten. Die Bauholzabgabe war an Grundbesitz mit Waldrecht gebunden. Dieses Waldrecht war so wertvoll, dass es in den Immobilienanzeigen der Zeitungen bei Verkauf ausdrücklich erwähnt wurde. Im Staatsarchiv von Nürnberg lagern 5 300 Bauzeichnungen der Forstämter, die bis ins 16. Jahrhundert zurückreichen.[24] Die Ablösung der Servituden der Eingeforsteten scheiterte kläglich nach sechs Jahren Streit.[25]

Eine damals noch nicht allgemein übliche Walderhebung nach Altersklassen ergab 1818 für den Laurenzer Wald ein erbärmliches Bild. Nur rund zwei Prozent der Bäume waren älter als 60, rund die Hälfte jünger als 20 Jahre. Die Eichelmast war kaum noch möglich. Die Eingeforsteten mussten einer Halbierung ihrer Holzrechte zustimmen. Eine Überprüfung nach zehn Jahren zwang die Verantwortlichen, große Bestände wegen ihres desolaten Zustandes von der Holznutzung weiterhin auszunehmen und die Waldstreuentnahme im ehemaligen Reichswald von 24 600 Fuder auf rund 22 000 Fuder pro Jahr zu senken.[26] Dabei wurde alles bis ins Kleinste geregelt: der Schlagabraum (bei Fällen anfallendes Gipfel- und Astholz mit Nadeln oder Blättern), Büschelholz (Reisigholz unter 3 Zoll Durchmesser), Stockholz (Scheit- und Prügelholz), ein Zeitlimit für die Abfuhr, ein genauer Zeitpunkt für das Streusammeln, die Beschränkung des Rechts zur Aufarbeitung des Holzes im Wald und Vieles mehr. Letztlich liefen alle Regeln darauf hinaus, die Entnahme von Holz und Streu durch drangsalierende Regelungen zu reduzieren und zu verteuern.

Die Eingeforsteten blieben trotz des desolaten Zustandes der Nürnberger Wälder nach jahrelangen Verhandlungen mit einem »Regierungs-Kommissär« uneinsichtig, da sie auf den Dung für ihre Felder nicht verzichten konnten. Die Fronten waren 1836 so verhärtet, dass ein Vergleich nicht mehr möglich war. Das Finanzministerium sprach am 20. September 1836 ein Machtwort und stellte die Regeln von 1831 wieder her, kam in einem Gnadenakt den Eingeforsteten aber entgegen: Brennholz für die »ärmeren Volksklassen«, weiterhin Scheitholz unter Berücksichtigung des Waldzustandes, Hilfe bei der Wiederaufforstung von »Ödungen«, Erlass der Forderungen aus der Preiserhöhung für Herbststreu und Fixierung des Preises auf sechs Kreuzer statt der verlangten 15 Kreuzer pro Fuder. Die Forstberechtigten waren weiter unzufrieden, da sie keine Rechtssicherheit hatten und die Erhöhung der Holz- und Streuentnahmen auf den alten Stand nur vage in Aussicht gestellt wurde. Erst nach zweijähriger Verhandlung mit einem »Regierungs-Kommissär« ergingen dann verbindliche Ministerialbeschlüsse:

Die Streunutzung wurde erstmals eindeutig gekoppelt an den Zustand des Waldes, und diejenigen »Landeingeforsteten«, die weder Vieh noch landwirtschaftlich genutzten Grundbesitz hatten, verloren ihr Recht auf Streulieferungen. Die als Frondienst angesehenen »Herrenscheitfuhren« blieben bestehen und konnten auch als Spann- und Handdienste gefordert werden, bei denen der Bauer mit seinem Zugvieh oder mit seinen Händen das Holz aus dem Wald in die Obhut des Grundherrn zu liefern hatte. Diese Spanndienste galten nicht als geldwerter Vorteil für den Waldbesitzer, sondern wurden mit einer haarsträubenden Begründung als Vorteil für die Waldberechtigten angesehen, da sie für »den Kulturzustand des Waldes« verwendet wurden und daher den Eingeforsteten selbst zugutekämen.[27] Für Nichthausbesitzer, das waren die am Wald persönlich Berechtigten, die die sogenannte »waldberechtigte Brüderschaft« bildeten, erlosch jetzt die Berechtigung mit Aufgabe des Bürgerrechts oder durch Tod, war also nicht mehr vererbbar. Die seit Jahrhunderten erbberechtigten Förster mit Familienwohnrecht in den Forsthäusern gingen des Erbrechts verlustig. Ihre habgierige Willkür hatte immer wieder großen Ärger und viele Beschwerden ausgelöst. Ausnahmen für einzelne Ortschaften oder spezielle Festlegungen machten diesen Kompromiss zu einem bürokratischen Ungetüm, das trotz Aushang und Bekanntmachung Verwirrung stiftete oder schlimmer, nun einzelne Ortschaften gegeneinander aufbrachte, wenn irgendwo vorteilhaftere Regeln gelten sollten. Das war die Ausgangslage 1838.

In den Jahren 1837-1839 gab es bei allem Unglück auch noch »enorm große Insektenverheerungen« (Nonne, Kieferneule, Fichtenspanner) auf 1235

Hektar Wald, die die angespannte Lage weiter verschärften. Der Laurenzer Wald bestand zu 98 %, der Sebalder zu 80 % aus Kiefern, der Rest waren vor allem Fichten mit einigen Weißtannen und Birken.[28] Alle diese Schmetterlingslarven schädigten den ausgedehnten Fichten- und Kiefernbestand, und der Borkenkäfer gab ihm den Rest. Dazu fielen rund 15 Hektar einem Waldbrand zum Opfer. In der Folge wirkte Versumpfung des Waldbodens als Behinderung des Abtransportes des geschädigten Holzes. Wiederaufforstungen schlugen fehl. Im Oktober 1838 wurde das Verbot des Vogelfangs im ehemaligen Reichswald angesichts der Raupenplage und des großflächigen Absterbens der Bäume erneuert: »Unglaublich groß ist die Verminderung schädlicher Waldraupen und Käfer durch die Waldvögel, selbst durch Staaren, Krähen etc«, propagierte das *Fürther Tagblatt* die bei den Bauern unbeliebte Maßnahme, die keine Saatkrähen auf ihren Feldern dulden wollten.[29]

Die *Bayerische Nationalzeitung* vom 4. November 1838 schilderte einen Akt der Willkür des Forstamts, der die Stimmung weiter anheizte und Behörden, Militär und Gerichte beschäftigte: Das Forstamt Sebaldi hatte die Waldstreunutzung nach den Kalamitäten für dieses Jahr erheblich eingeschränkt und diesen »außerordentlichen Fall« auch noch zu spät mitgeteilt, so dass keine Möglichkeit mehr bestand, sich anderswo Waldstreu zu besorgen. Darauf zogen die Bauern von Gründlach und Tennenlohe, auf ihr Gemeinderecht pochend, trotz Verbots zum Streurechen in den Wald und gerieten mit dem Revierförster und dem Forstgehilfen in tätliche Auseinandersetzungen. Den Kindern und Mägden wurden die Streurechen abgenommen und aus Erlangen Infanterie und Kavallerie herbeigerufen. Als sie ankamen, war kein Bauer mehr im Wald. Der Landgerichtsvorstand überzeugte sich vor Ort und musste erkennen, »daß die Bauern nicht ganz Unrecht hatten«.[30] Am 14. November folgte der nächste Schlag: Es wurde den Jagdberechtigten angedroht, sie wie Wilderer zu behandeln, wenn sie es versäumt hatten, sich ihre Jagdkarten »amtlich kontrasignieren« zu lassen, wie das *Fürther Tagblatt* schreibt.[31] Das durchaus sinnvolle Vogelfangverbot und die beiden überfallartigen Anordnungen waren die ersten Amtshandlungen Seippels vom Forstamt Sebaldi, mit denen er sich die Eingeforsteten ein für alle Mal zu erbitterten Gegnern gemacht hat. Vom forstlichen Standpunkt hatte er vollkommen Recht, aber mit seinem schikanösen Vorgehen hat er die Missachtung der Bedürfnisse der Bauern auf die Spitze getrieben.

In den Jahren nach den Insektenschäden wurde die Holzabgabe wegen des Schadholzes deutlich erhöht. Die Mehrabgabe sollte dann ab 1845 durch jährliche Verminderung auf die Hälfte wieder kompensiert werden.[32] Das führte bei den Eingeforsteten des Sebalder Waldes, nicht aber bei denen des

Laurenzer zu großer Verärgerung, weil diese Reduktion des »Holzgenusses« fast zur gleichen Zeit mit Beschränkungen der Waldstreu und der Erhöhung des Forstzinses für die verkäufliche Streu erfolgt war. »Zu einem förmlichen tumultarischen Ausbruch« kam es dann im März 1848 – das war der Demonstrationszug der Eingeforsteten zum Forstamt Sebaldi –, und Meyer wollte sich über die »so vielen ungeziemenden Forderungen« der Landeseingeforsteten nicht äußern und hielt nur die Zugeständnisse der königlichen Regierung vom April 1848 fest.[33]

Es wurde ihnen versprochen, bei der nächsten Revision des Waldzustandes mit eigenen Technikern und Vertrauensleuten teilnehmen zu können. Danach sollte festgelegt werden, »ob und welche Zulagen im Bezuge der Rechtshölzer, der Waldstreu und welche Erweiterung in der Waldweidenschaft statthaft seyen«. Im September 1849 hieß es dann, dass die bisherige Abgabepraxis kaum geändert werden könne. Die Regierungen saßen jetzt nach der Niederlage der letzten Widerstandsnester in Baden wieder fest im Sattel und waren zu Konzessionen an die Bauern nicht mehr bereit.

Die in den 1840er Jahren sichtbar gewordene allgemeine »Holznot« mit zu hohen Holzpreisen war auch eine Spätfolge der napoleonischen Kriege. Sie ließen ganze Wälder verwüstet oder kahlgeschlagen zurück. Klöster und Stifte schlachteten in Erwartung der Säkularisation ihre Wälder. Nach Gemeindewaldteilungen und Übergabe an die bisherigen Forstberechtigten wurden große Waldflächen gerodet, die Privaten nutzten den Spielraum mangelnder Überwachung und verkauften viel Holz. Die Preise gingen in den Keller. Für Wiederaufforstungen fehlten Geld und Wille. So entstanden die verödeten, von Heidekraut überwucherten Flächen (»Wüstungen«), Sumpfgebiete, die nicht drainiert wurden, und der Wunsch nach Staatswaldverkäufen zur Kompensation in großem Stil. Diese unterblieben zunächst, weil die bayerische Staatskasse durch die Säkularisation wieder zu Geld gekommen war, wurden aber 1805 mit einer bemerkenswert schiefen Begründung ihrer klimatischen Wirkungen in die Wege geleitet:

»Durch den Verkauf der Staatswaldungen würde ein Teil in Feld und Wiese umgewandelt werden, dadurch würden die in den Gegenden dieser Waldungen häufigeren Hagelgewitter vermindert und, indem ein milderes Klima herbeigeführt werde, die wegen dieser Waldungen gegen die Kulturfähigkeit der Gebirgsgegenden gemachten Einwendungen beseitigt«.[34]

Das war eine unverhüllte Aufforderung zu weiteren Rodungen und Kahlschlägen ausgerechnet in den durch Schnee- und Schlammlawinen am meisten gefährdeten Gebirgsgegenden, und das Ganze wurde verkauft als eine Hebung des Kulturstandes durch eine wissenschaftlich nicht zu stützende spekulierte Abmilderung des Klimas. Von 1819 bis 1831 wurden von der königlich-bayerischen Regierung rund 17000 Hektar verkauft. Der Erlös diente zur Schuldentilgung der Staatskasse. Als Ende der 1830er Jahre die Holzpreise kräftig anzogen, wurde wieder Wald gekauft, so dass um 1860 die Verkäufe der vorangegangenen Jahrzehnte ausgeglichen waren.

Am schlimmsten stand es um den Gemeindewald in Bayern. Die Gemeinden hatten ihre Selbständigkeit in der Bewirtschaftung ihrer Wälder verloren und waren hilflos den Forst- und Jagdbediensteten ausgeliefert, die ihre souveräne Stellung gegenüber den Landbewohnern auskosteten. Ein Eigeninteresse der Gemeinden zur Pflege des Waldes konnte so erst gar nicht entstehen. Die Gemeindewaldungen »sind meistens von öden Gründen wenig zu unterscheiden und im Zustande von völliger Verwilderung und Anarchie«.[35] Auch hier fürchteten die in der Reichsrätekammer vertretenen Adligen um ihre Gerichtsbarkeit, die sie über die Gemeinden und ihren Besitz ausübten. Diese wurde ihnen erst mit dem Forstgesetz von 1852 endgültig genommen und die staatliche Oberaufsicht über die Gemeindewälder festgeschrieben.

Die Reaktion der Regierung auf die Proteste

Mit erstaunlicher Geschwindigkeit hat die königlich bayerische Regierung auf die nach den Märzereignissen aus dem ganzen Land einlaufenden Beschwerden über Restriktionen bei Waldnutzungen und schikanöse Behandlung durch Forstbedienstete reagiert. Als hätte sie das Drehbuch längst vorbereitet, folgte eine Maßnahme nach der anderen, zunächst zur Eindämmung der aktuellen Konflikte, dann zum Umsteuern hin auf einen antifeudalen Bruch, der die Einkommensverhältnisse auf dem Land völlig neu regelte. Im ersten Akt gelang es ihr, mit einem hektischen Feuerwerk von Regierungsverordnungen, die in den Monaten April bis Juni 1848 im Wochentakt aufeinander folgten, Dampf aus dem Kessel nehmen.[36] Dazu gehörten: Die Begnadigung begangener Jagd- und Forstfrevel, die Regulierung der Verkaufspreise bei Holzversteigerungen, die sogenannten Anzeigegebühren für das Forstpersonal, das für jeden noch so kleinen Dienst kassierte, die Aufhebung des Jagdrechts auf fremdem Grund und Boden, die Aufhebung der standes- und gutsherrlichen Gerichtsbarkeit und die Abschaffung der »Grundlasten« und »Natural-Frohndienste«, deren beängstigende Vielfalt die Bauern schikanierte, ihre Arbeitskraft missbrauchte und ihr Vieh einspannte.

Bereits in der 1. öffentlichen Sitzung der Abgeordnetenkammer des bayerischen Landtags vom 27. März 1848 kamen Bauernproteste gegen die Einschränkungen durch die »Forstcultur« zur Sprache. Es ging um »die unabweislich gewordene Ablösung der Grund- und Feudallasten, sowie die Beseitigung der schädlichen Jagd-Rechte«, um Forstpolizei und Forstbehörden und einmal mehr um Streurechte.[37] Da stand die Verabschiedung des Bundeswahlgesetzes zur Frankfurter Nationalversmmlung drohend im Raum, und die bayerischen Abgeordneten mussten sich beeilen, wenn sie nicht gegenüber einem deutschen Nationalparlament ins Hintertreffen geraten wollten.

Zwischen dem 8. und dem 10. April 1848 ging die Beschwerde der Eingeforsteten des Sebalder Waldes, »die Verkümmerung ihrer Forstrechte betreffend« in der Abgeordnetenkammer des Bayerischen Landtags ein. Der »Einlauf« der Beschwerden wurde zu Beginn der öffentlichen Sitzungen der Abgeordnetenkammer verlesen und an die zuständigen Ausschüsse oder an ein Ministerium weitergereicht. Die Petitionen und Beschwerden, insgesamt 143, wimmelten von Forst- und Grundrechten und von Servituden. Die Sebaldi-Beschwerde ging direkt ans Finanzministerium mit Freiherr von Lerchenfeld als Minister. Da gab es bereits eine Verfügung im Namen des Königs vom 8. April 1848, flexibel mit den Forderungen vor Ort umzugehen. Es sollte auf keinen Fall noch weiteres Öl ins Feuer gegossen werden.[38]

Wie aus einem abgewetzten Hut gezaubert folgte der Gesetzentwurf zur Liquidierung der Jahrhunderte alten Feudalrechte bereits im April 1848: die Ablösung der Grundlasten und die Aufhebung der Standes- oder Patrimonialgerichte.[39] Dieselbe Monarchie, die jahrzehntelang mit der Beseitigung dieses Hemmschuhs für eine produktive Entwicklung der Landwirtschaft nicht zu Rande gekommen war, benennt nun mit frappierender Offenheit die Gründe für die Dysfunktionalität der Gesellschaft und die untauglich gewordenen Regeln der Standes- und Gutsherrlichkeit. Jetzt plötzlich sind deren Befugnisse »einem Staate von gleichberechtigten Bürgern unstatthaft«.[40] Sie führten zu Missbräuchen bei Abgaben. Die Bewirtschaftung des Bodens werde durch ständige Änderung der Lasten unkalkulierbar und hindere »eine vortheilhafte Disposition über das Eigenthum«. Wegen ihres geringen Werts für die Berechtigten, »ihrer Gehässigkeit und des großen Verlustes, den sie durch unwirthschaftliche Anwendung der Arbeit den Pflichtigen und der Nation im Ganzen bringen«, brauche auch nicht entschädigt zu werden. Der »Zehent« verhindere Investitionen in der Landwirtschaft.

Bei den Forstrechten gelten die Servituden als Verhinderer einer nachhaltigen Bewirtschaftung der Wälder, ein Problem, das mit steigender Bevölkerung wachse. Sie seien eine Quelle sehr vieler Verwicklungen von Berechtigten und Pflichtigen. Naturalfrondienste müssten abgeschafft, die Abgaben und Zinsbelastung fixiert, um willkürliche Erhebungen auszuschalten. Die Holzbezüge müssten auf ihren Geldwert reduziert und als Bodenzins betrachtet werden, der dem Waldbesitzer zustehe, was auf die Etablierung eines freien Holzmarktes hinauslief, der dann auch für die Bauern zu gelten hätte.[41] Die unhaltbaren und schikanösen Zustände grundherrschaftlicher Herrlichkeit waren lange bekannt und in quälenden Debatten zerredet worden. Jetzt, unter dem Druck der Märzereignisse, genügte ein Federstrich mit der Unterschrift des Königs, und der Adel kuschte und gab klein bei. Auch er sah jetzt die profitablen Vorteile einer freien Verfügbarkeit über ein nicht von Servituden belastetes Waldeigentum.

Zur allgemeinen Stimmungslage gehörte, was der Landtagsabgeordnete aus Würzburg, der Juraprofessor Karl Friedrich Wilhelm Edel von der »liberalen Mittelpartei«, zu sagen hatte. Er nannte das Gesetz über Wilddiebstahl von 1806 das unmenschlichste Gesetz, welches in der ganzen bayerischen Gesetzgebung steht« mit empörenden und barbarischen Strafen. »Der erbitterte Krieg zwischen Jagdbediensteten und Wilddieben hat nur darin seinen Grund, das die letzteren der Betretung wegen Wilddiebstahls sich um jeden Preis zu entziehen suchen, weil sie die grausame Härte des Gesetzes kennen«.[42] »Es wäre auf das tiefste zu beklagen, wenn unter der Regierung von Max. II (Maximilian) und während der Geschäftsleitung des gegenwärthigen Staatsministeriums noch ein Mensch wegen des Attentats auf das Leben eines Hasen auf viele Jahre seine Freiheit, auf immer seine bürgerlichen Rechte verlieren sollte«.[43]

Am 24. April 1848 folgte der Erlass der Strafen, der Kosten und des Schadensersatzes aller vor dem 21. März begangenen Wald- und Feldfrevel als »Akt der Gnade gegen die betreffende Klasse«.[44] Am 4. Juni 1848 wurden die »Jagdgerechtigkeit auf fremdem Grund und Boden, Jagdfrohnden und andere Leistungen für Jagdzwecke ohne Entschädigung aufgehoben«. Das richtete sich gegen den Adel, dessen Gerechtigkeitsempfinden ihm bisher die Ausdehnung der Jagd nach Belieben gestattet hatte. Geschont wurde der König. Es gab Beschwerden der Gemeinden um München, die vom Gesetz ausgeschlossen blieben, um sein Jagdvergnügen »nicht zu zerstören«.

Die Regierung versuchte, auch vor Ort zu moderieren, als sie feststellen musste, dass die Streuberechtigten in der Umgebung von Nürnberg nicht befriedigt wurden »und auch nicht befriedigt werden konnten«.[45] Sie schickte Herrn von Godin als »Regierungskommissär«, der durch sein freundliches Benehmen, verbunden mit Fachkenntnis, begründete Beschwerden beseitigen und bei den übertriebenen oder unbegründeten die Forstberechtigten zur Zurücknahme bewegen konnte. Bernhard Freiherr von Godin (1781-1866) war im März 1848 zum Regierungspräsidenten von Oberbayern ernannt worden, vorher Regierungsdirektor der Oberpfalz und im Vorstand des landwirtschaftlichen Vereins in Regensburg.

Nach dem Scheitern der Frankfurter Nationalversammlung, der militärischen Niederschlagung des badischen Aufstands, und als Deutschlands Monarchien wieder Oberwasser hatten, begannen sie mit einer umfassenden Revision ihrer Besitztümer. In den Staatswäldern Bayerns folgte innerhalb weniger Tage der zweite Akt des Dramas für die Eingeforsteten: das langsame und noch etwas verschämte Anziehen der Daumenschrauben zur Aufhebung der Symbiose von Bauer und Wald. Bereits am 25. August 1849 erzwang eine penible »Verordnung über die Abgabe und Verwerthung der Forstprodukte aus Staatswaldungen« die Beachtung forstwirtschaftlicher Belange bei der Streuentnahme aus den königlich bayerischen Staatswäldern, zu denen auch der Sebalder und Laurenzer Wald gehörten.[46] »Forstnebennutzungen dürfen keine die Hauptnutzung der Staatswaldungen gefährdende Ausdehnung erhalten, sie können mithin nur waldunschädlich gewonnen werden«. Es gab zahlreiche Ausnahmen, weil in vielen Gebieten die Waldstreunutzung noch unentbehrlich war. Hergebrachte Rechte blieben erhalten, aber junge Bestände und trockene Böden sollten geschont werden. Die Regierung versuchte, die zahllosen Ansprüche an den Wald auszutarieren und der Ausplünderung der Wälder mit peniblen Zuteilungen für Bau- und Brennholzentnahme Einhalt zu gebieten.

Der zukünftige Schwerpunkt der Forstwirtschaft zeichnete sich ab. Zwar mussten die Interessen der Bauern am Wald vorerst noch bedient werden, aber sie galten jetzt sogar per Gesetz als potenzielle Waldschädlinge. Die Hauptnutzung der Staatswälder wurde so klar formuliert, dass den Bauern geschwant haben muss, was auf sie zukommen wird. Kleinlichen Regeln für die Waldstreuentnahme und den Hausbedarf der Bezirksbewohner und der Kleingewerbetreibenden standen die immer lauter und präziser werdenden Forderungen der Hütten- und Hammerwerke, der Industrie, des Eisenbahnbaus, der Hausbauer und Holzhändler gegenüber. Sie brauchten einen nach ihren Interessen sortierten Hochwald, in dem Waldweide und Streuentnahme nichts zu suchen hatten.

Die Waldstreuentnahme durch die Bauern wurde in allen Einzelheiten und mit vielen Ausnahmeregelungen für Forstberechtigte und Gebirgsbewohner so kompliziert, dass wahrscheinlich niemand mehr wusste, was wann erlaubt und was strikt verboten war. Man stelle sich den bürokratischen Aufwand vor, der durch die Pflicht zum genauen Erfassen des Hausbedarfs getrieben werden sollte, mit paritätisch besetzten Bewertungskommissionen aus Forstleuten, Forstpolizei und Berechtigten, und die schwierige Preisfindung bei

Kauf des Holzes, wenn eine Versteigerung zur Schonung der Forstberechtigten untersagt war. Immerhin, wenn auch polizeilich kontrolliert: »Das Sammeln des Raff- und Leseholzes in den Staatswaldungen wird, wo nicht Berechtigungsverhältnisse entgegenstehen, den Armen unter forstpolizeilicher Aufsicht wie bisher, so auch ferner unentgeltlich gestattet«. Ortsverwaltungen, Distriktpolizeibehörden und Rentamt haben die Zuteilung des Brennholzes und die Höhe der Taxe zu überwachen. Die Streuabgabe hat »gemeinde- oder genossenschaftsweise zu geschehen«, die Verteilung erfolgt durch einen aus ihrer Mitte gewählten Ausschuss, der Sorge zu tragen hat, dass auch die Streuberechtigten der stark belasteten Waldstücke, die nicht gerecht werden durften, etwas abbekommen. Die Waldweide wurde stark eingeschränkt, und auch sie durfte nur unter Aufsicht eines Hüters oder Hirten »nach geschehender Anweisung der Forstbehörde« erfolgen. Die Etablierung einer staatlichen Forstverwaltung mit weitreichenden Befugnissen zeichnete sich ab, die dann im Forstgesetz von 1852 festgezurrt wurde, das bis 1965 Bestand hatte. Unterschrieben war die Verordnung vom Oberrechnungsrat und späteren Finanzminister Josef Aschenbrenner, der für seine Erfolge bei der Zähmung der Proteste wenig später in den Ritterstand erhoben wurde. Dieser Versuch, den Wald irgendwie am Leben zu erhalten, ohne das Leben der bisher Berechtigten allzu sehr zu belasten, musste sich in seiner eigenen Bürokratie verheddern.

Das Forstgesetz von 1852 hat mit dem Wirrwarr von 30 Forstordnungen in Bayern aufgeräumt. Diese Forstordnungen waren »größtenteils zu Mumien eingetrocknet«, so 1843 der Referent der Reichsratskammer, des bayerischen Oberhauses, das sich aus Adligen und hoher Geistlichkeit zusammensetzte, eine erbliche bzw. lebenslange Mitgliedschaft.[47] Ein erster Entwurf eines solchen Forstgesetzes für ganz Bayern 1842, das Rodungen, Verwüstungen in den Privatwaldungen stoppen, das Abholzen von Schutzwäldern (den »kahlen Abtrieb«) verbieten und Wiederaufforstungen erzwingen wollte, war am Widerstand der Grundherren gescheitert, die bisher frei schalten und walten konnten und sich auch die Forstgerichtsbarkeit nicht nehmen lassen wollten. Der Entwurf sah für die Bauern schon damals kleinliche Beschränkungen bei der Waldweide und der Streuentnahme vor, die sie so nicht akzeptieren konnten. 1852 mussten sie es wohl oder übel schlucken. Artikel 24 des Forstgesetzes lässt keinen Zweifel daran aufkommen, wer zukünftig das Sagen hat: »Die Forstberechtigten können den Waldbesitzer in der nachhaltigen Bewirthschaftung des Waldes, sowie in den durch die Boden- und klimatischen Verhältnisse gebotenen Veränderungen der Holz- und Betriebsarten nicht hindern«. Gemeinde- und Stiftswaldungen wurden unter die Oberaufsicht des Staates gestellt, die Privatwaldungen an forstpolizeiliche Bestimmungen gebunden, Schutzwald definiert und Rodungen erlaubt, wenn die Freifläche danach »insbesondere für Feld-, Garten-, Wein- oder Wiesenbau, unzweifelhaft geeignet« ist. Mit der schwammigen Formulierung waren Rodungen für andere als landwirtschaftliche Zwecke nicht ausdrücklich verboten.

Um die empörten Gemüter über das Forstgesetz zu beruhigen und sich ins rechte Licht einer am Volkswohl orientierten Behörde zu rücken, widmete die bayerische Finanzverwaltung eine mit amtlichen Zahlen gespickte Darstellung der Eingeforsteten und der Waldnebennutzung des ehemaligen Nürnberger Reichswaldes »den Mitgliedern der 16. Versammlung deutscher Land- und Fortwirthe« in Nürnberg 1853.[48] Die amtlichen Zahlen geben einigen Aufschluss über die Größe des Problems oder, wie beim Waldfrevel, über die herbeigeredete Größe des Problems.

»Höchst lästig und nachtheilig für die Ertragskräfte der Nürnberger Reichswaldungen ist das Streubezugsrecht der Eingeforsteten, zumal dieselben die Abgabe in reiner Nadel- oder Laubstreu nach altem Herkommen ansprechen«.[49] Während auf dem freien Markt für einen Fuder Nadelstreu 2 Gulden, für Gras- und Heidestreu 38 Kreuzer gezahlt würden, bekämen die Forstberechtigten ihren Anteil für einen jährlichen Waldzins von sechs Kreuzern, für dessen Beibehaltung die Protestierer im März 1848 gekämpft hatten.

Der von den Forstleuten und Waldbesitzern immer in den Vordergrund geschobene Waldfrevel führte allerdings zu geringen Schäden. Das von den Armen von Nürnberg, Erlangen, Fürth und Lauf entwendete Holz, Reisig und Streu hatte in den 1840er Jahren gerade mal den Gegenwert von 670 Gulden pro Jahr, begangen von im Schnitt 6342 Frevlern oder täglich 17 armen Teufeln, die den Forstleuten in die Arme gelaufen waren.[50] Pro Frevler war also ein Schaden von rund einem Zehntel Gulden oder sechs Kreuzern im Jahr entstanden. Gemessen am Lohn eines Tagelöhners in Bayern von ca. 30 Kreuzern, entsprechend einem halben Gulden, sind die 0,16 Kreuzer oder rund ein Pfennig täglich für frevelhaft entwendetes Brennholz nichts anderes als Mundraub, und gemessen am Jahresüberschuss des Sebalder und Laurenzer Waldes von 75 000 Gulden geradezu lächerlich. Das Missverhältnis wirft ein düsteres Licht auf die Praxis gehässiger Forstleute und macht die Wut der Bevölkerung auf diese Art von Forstpolizei verständlich. Den legalen Nutzen für die Eingeforsteten bezifferte die Finanzverwaltung mit rund 225 000 Gulden, »woraus zu erkennen ist, das die Bewirthschaftung gedachter Waldungen durch die k. Staatsregierung vorzugsweise nur national-ökonomische Rücksichten und das Interesse der Eingeforsteten zum Zweck hat«.[51] Die Landlosen ohne Forstberechtigung kommen in dieser Art betriebswirtschaftlicher Nationalökonomie nur als Waldfrevler vor. Die langfristigen Schäden, die dem Wald durch Streuentnahme entstehen, verschwinden hinter dem Ausdruck »Ertragskraft«, einer Größe, wie bei einem Kartoffelacker ausgedrückt in Geld, die keinerlei Verständnis für die besonderen Belange des Waldes erkennen lässt.

Die Statistiker der Finanzverwaltung haben auch nicht berücksichtigt, dass die Zahl der Eingeforsteten nach dem Ansbacher Forstrat Meyer alleine im Sebalder Wald von 896 im Jahr 1792 auf 3022 im Jahr 1801 gestiegen war und um 1848 noch viel höher zu veranschlagen ist.[52] Im gesamten Forst durften 4500 Stück Vieh weiden, Rinder, Schafe, Schweine und Ziegen.

1841 betrug die Größe des Sebalder Waldes rund 1000 Hektar, die des Laurenzer 900 Hektar, dazu vom Forstamt Altdorf 775 Hektar, zusammen also ein sehr stattlicher Wald.[53] Das ständigen Ärger verursachende Jagdrecht zu beiden Seiten der Pegnitz gehörte den Burggrafen von Nürnberg, den späteren Markgrafen von Brandenburg zu Ansbach und Bayreuth. Dazu unterhielten sie für den Sebalder Wald drei, für den Laurenzer vier Wildmeister mit Hilfspersonal, die unentgeltlich mit Holz zu versorgen waren. Die starke Hege schädigte den Wald, Meyer spricht »vom großen Mißbrauch zum Nachtheil der Waldungen«. Als der Wildbestand 1796 bis zur angeblichen Unschädlichkeit für die Landwirtschaft vermindert wurde, erhoben die Markgrafen eine »Wildbretsteuer für die Privatgutsinhaber«, d.h., sie erhoben für jeden Abschuss in ihrem Revier, den sie selbst verspeisten oder verkauften, von den forstberechtigten bäuerlichen Gutsbesitzern eine Gebühr für nicht eingetretenen Wildschaden, den sie vorher nie bezahlt haben.[54] Eine solche Logik der Raffgier musste die Bauern bis zur Weißglut reizen.

Vollständig gelöst war das Grundproblem der bäuerlichen Waldnutzung mit dem Forstgesetz von 1852 keineswegs. Noch 1859 wehrten sich die Eingeforsteten des Sebaldi-Waldes und zahlreicher anderer Wälder in Bayern gegen den Vollzug des Forstgesetzes und wollten Waldstreu wie bisher entnehmen. Alle diese Versuche hatten keinen Erfolg. Das Forstgesetz zur Vertreibung der Bauern aus dem Wald, wie man es auch nennen könnte, hatte über 100 Jahre lang Bestand.[55]

1848 war für die Forstleute ein Schock

Die Reaktionen auf diese Entwicklungen in den Forstzeitungen des Revolutionsjahres waren betroffen, manchmal wehleidig oder auftrumpfend. Im Grunde genommen fühlten sich die Forstleute zu Unrecht angegriffen und missverstanden, hatten sie sich doch nur um eine nachhaltige Entwicklung des Waldes bemüht, wollten Schaden von ihm abwenden zugunsten der Staatskasse, des Allgemeinwohls und der zukünftigen Generationen. Die *Allgemeine Forst- und Jagdzeitung* vom Mai 1848 appellierte lediglich an die Forstleute, die Regeln nicht kleinlich und gehässig auszulegen, um die Wut der Holz- und Streuberechtigten nicht weiter zu schüren.[56] Ihr Herausgeber, der großherzoglich hessische Geheime Ober-Forstrat Georg Wilhelm Freiherr von Wedekind (1796-1856) war Verfasser des Artikels. Unter den zehn bedauernswerten Punkten, die er nennt, finden sich eine ganze Reihe, über die sich die Bauern schon lange beschwerten, wie »die Erhebung des Wildstandes und des Jagdwesens zu einer Landesplage«, »Vorenthalten mancher Nutzungen, ungeachtet ihrer relativen Zulässigkeit oder untergeordneten Waldschädlichkeit«, statt kostengünstiger und an die Bedürfnisse der Gemeinden angepassten Betriebsregulierung, skandalöse kostenträchtige Besteuerungen mit unlauteren Motiven. Von Wedekind beklagt bei den Forstleuten Nepotismus, Begünstigungen bei Einstellungen und Beförderungen und Anweisungen von Forstbehörden, deren Handeln aus Mangel an Folgerichtigkeit den Geist der Lokalverwaltungen beschädige.

Wedekinds blitzschnell gereifte Einsicht in das bisher oft schikanöse Verhalten des Forstpersonals war verbunden mit der Erwartung auf eine zukünftige hervorgehobene Rolle der Forstleute als verbeamtete Kontrolleure zum Schutz der Wälder: »Die Zeiten patriarchalischen Regiments sind vorüber; die constitutionelle Monarchie stimmt mit der Republik im wahren Sinne des Wortes in der größern Gesetzlichkeit, in dem größeren Nachdrucke, in welchem die Gesetze zur Vermeidung der Willkühr gehandhabt werden müssen, und in der strengen Unterordnung des Einzelwillens unter den Nationalwillen, des Privatinteresses unter das Nationalinteresse bei der Gesetzgebung überein«.[57] Für den forstlichen Beruf bedeute das die Aufhebung der privilegierten Adelsjagd, des sogenannten Jagdregals, und die Verabschiedung von einer kleinlichen Kameralistik in standesherrlichem Maßstab zugunsten einer »constitutionellen Staats-Finanzbehörde« und einer »geläuterten Nationalökonomie«. Der Forstmann wäre dann das »Organ des Gesetzes bei Beschützung des Waldeigenthums und bei der Handhabung der Waldordnung«. Genau diese Rolle wurde ihm mit dem Forstgesetz vier Jahre später zugeschrieben.

Von Wedekinds staatstragende Thronrede mit der Salbung des Forstmanns zum Exekutivorgan seiner Majestät des Königs war ein nebulöser Schwulst, in dem weder das National- noch das Privatinteresse an den Wäldern definiert war, seine geläuterte Nationalökonomie nichts anderes als die Etablierung einer effektiven Finanzbehörde mit erweitertem Zugriff auf die Wertschöpfung im Wald. Diesen Wertzuwachs hatte der Forstmann nun so erfolgreich wie möglich zu steuern und an den Bedürfnissen eines explodierenden industriellen Marktes auszurichten. Wedekind sah das Hauptproblem jetzt in den auf Selbständigkeit pochenden Gemeinden, die sich gegen eine »strenge Unterordnung unter das Nationalinteresse« wehrten, weil sie zurecht das Ende der bäuerlichen Nutzungen befürchteten. Gemeinden, die die neu gewonnenen Freiheiten zur schnellen Bereicherung und Liquidierung der Gemeindewälder missbrauchten, dienten Wedekind als Hebel zur Propagierung einer Staatskontrolle im Sinne eines wie auch immer gearteten Nationalinteresses. Man habe die Gemeindewaldungen vor der gedanken- und gewissenlosen Habgier ihrer Mitglieder per Gesetz zu schützen, vor einer Haltung »Wir wollen nicht darben, damit unsere Enkel schwelgen«.[58] Man müsse den Nießbrauch vom Verbrauch unterscheiden. Wohl wahr und durchaus im Sinne besorgter Landwirte, aber wer bestimmte über diesen Nießbrauch und damit über die Richtung, die die Waldentwicklung einzuschlagen hat? Der Bauer wird in Wedekinds Konzept zur Randfigur.

Etwas nachdenklicher beim Umgang mit der bäuerlichen Nutzung der Wälder ist Wilhelm Pfeil (1783-1859), der Herausgeber von *Kritische Blätter für Forst- und Jagdwissenschaft*[59] und weltweit anerkannter Leiter der Forstakademie in Eberswalde bei Berlin, einer der forstlichen Klassiker. »Forstliche Aussichten« nennt er seine Stellungnahme zu den Forderungen an den Wald und nach neuen Eigentumsverhältnissen. Pfeil, der sich selbst zu den streng Konservativen zählt, ist sehr besorgt. Wenn die Zustände so blieben, wie sie derzeit »in vielen Gauen Deutschlands« herrschten, wo Eigentumstitel nicht mehr zählten und jeder glaube, sich nehmen zu können, was er wolle, dann würden die Wälder bald verschwunden sein.

»Die Forstbeamten werden verjagt, jeder Forstschutz wird unmöglich gemacht, oder wo ja noch eine Art von Ordnung aufrecht erhalten wird, werden solche Anforderungen in Bezug auf die Abgabe von Streu, Holz und Weide daran gemacht, daß der Wald sich unmöglich dabei erhalten kann, wenn sie auch in Zukunft bleibend befriedigt werden sollen. Noch übler als für die Staatsforsten gestalten sich aber in sehr vielen Gegenden die Dinge hinsichts der größeren Gutsforsten und standesherrlichen Waldungen, welche von den Grundholden und Gutsangehörigen oft geradezu als Eigenthum in Anspruch genommen werden«.[60]

Pfeil sieht aber auch, dass die alten Zustände nicht mehr haltbar sind, dass es genügend Anlass für Beschwerden gibt: Holzversteigerungen, die die Preise treiben, eine zu strenge Waldpolizei, die »den Armen nicht einmal das Raff-

und Leseholz zu sammeln« erlaube, »keine Bürde Gras zum Futter einer Ziege aus den Schonungen zu entnehmen gestattete, auch wo es ohne Nachtheil für den Wald hätte geschehen können«. Sein Vorschlag läuft darauf hinaus, den Armen das nötige Brennmaterial zu geringen Preisen zu überlassen, den kleinen Bauern auf ihren gemieteten Äckern, wo sie Kartoffeln anpflanzen und kein Stroh haben können, die Waldstreu nicht zu verweigern, ohne dabei die Henne zu schlachten, die Eier legen soll. Statt Holz ins Ausland zu verkaufen, ließen sich einige Waldflächen in Kulturland umwandeln, die der Ernährung dienen. Ganz schädlich aber sei es, wenn wie in Preußen gute Buchenwälder auf Sand, die nur wegen des Humus gedeihen, in Ackerland umgewandelt würde, das in kurzer Zeit verarme und statt Getreide Flugsand erzeuge. Dasselbe gelte für die landwirtschaftliche Zwischennutzung nach Holzeinschlag, wenn der Boden so arm sei, dass danach kein Wald mehr wachse. Und es gelte zu verhindern, dass die großen zusammenhängenden Waldgebiete in kleine Einheiten zerstückelt werden, denn da sei ein geregelter Forstbetrieb nicht mehr möglich.

Von einer »geläuterten Nationalökonomie« hat Pfeil etwas andere Vorstellungen als sein Lieblingsgegner Freiherr von Wedekind. Preußen hatte sofort nach den oft gewalttätigen Auseinandersetzungen mit aufgebrachten Bauern die Ablösung der Servituden gegen Entschädigung der bisher Berechtigten mit an Adam Smith und Jean-Baptiste Say und anderen akademisch geschulten Nationalökonomen vorangetrieben, »die wie Eintagsfliegen am politischen Horizonte aufsteigen« und die nach Pfeils Meinung keine Ahnung vom Wald, nur die Steigerung des Nationaleinkommens durch die Landwirtschaft im Blick und einen liberalen Begriff von absoluter Freiheit des Eigentums im Kopf hatten. Pfeil sah kein Problem für den Wald, wenn Schafe in einem jungen Baumbestand das Gras fressen und viele Tausende armer Familien dürre Reiser für ihren Feuerungsbedarf sammeln. Diese Armen ohne Grundbesitz wären die Leidtragenden. Sie würden von der Ablöse der Servituden keinen Kreuzer erhalten und müssten ihren Holzbedarf auf dem freien Markt decken, könnten die eine Kuh oder ihre einzige Ziege nicht mehr in den Wald treiben. Und er sah nicht ein, warum dort, wo die Servituden seit Urzeiten keinerlei Beeinträchtigung für das Gedeihen des Waldes bedeuteten, sie nicht beibehalten werden könnten. Stereotyp erhielte er zur Antwort: »Der Boden muß frei sein, denn nur dann kann ihm der höchste Ertrag abgewonnen werden«.

Die Servituden konnten in Preußen in Land, Kapital oder Rente abgelöst werden, so Pfeil weiter. Welche Ablösung gewählt wurde, lag in der Hand des Waldbesitzers. So konnte er verhindern, für die Aufhebung der Fron

Wald abtreten zu müssen. Bei den Entschädigungen für Weiderechte und Holzentnahme war der Bauer langfristig im Vorteil. Erhielt er Wiese oder Ackerland für die Ablösung der Weiderechte, musste sie so groß sein, dass sein Viehbestand sich darauf genauso ernähren konnte wie vorher im Wald. War es ein passabler Boden, konnte er jetzt vom Bauern an Neuansiedler mit Gewinn veräußert werden. Wenn er seine Holzrechte in eine »Naturalrente in Klaftern« umwandelte, erhielt er die gleiche Menge Holz in besserer Qualität, ohne für den Sammlerlohn aufkommen zu müssen. Den Wert der Transaktion hatte eine Kommission festzustellen.

Pfeil befürchtet nun, dass durch die Ablöse und die Übergabe kleiner Waldparzellen die Gier der neuen Besitzer dazu führt, dass selbst schutzbedürftiger Wald abgeholzt und versilbert wird, dass nach einigen wenigen Jahren Kartoffelanbau auf den gerodeten Flächen nur noch Heide bleibt. »Die ungebildeten Landleute sind wie Kinder, sie verfolgen oft lebhaft eine Idee, welche ihnen einen augenblicklichen Vortheil verspricht, ohne weiter daran zu denken, welche Nachtheile ihnen in der Zukunft drohen, wenn sie diese benutzen«.[61] Er prophezeit schnell sinkende Holzpreise, dann Verknappung und unfruchtbare Wüsteneien auf dem sandigen Grund Preußens, und schließt mit einem leidenschaftlichen Aufruf:

»Tretet zusammen all ihr deutschen Forstmänner, die ihr wahrhaft für das Volk sorgt, die ihr den Wald auch dem ärmsten Leseholzsammler, dem Tagelöhner für seine Kuh erhalten habt, die ihr nicht nach der Gunst der getäuschten Menge hascht, und kämpft einmüthig bis auf den letzten Mann gegen diese Waldverderber, die ärger sind als alle, die Ratzeburg jemals beschrieben hat!« Julius Theodor Christian Ratzeburg (1801-1871) hat in seinem Buch »Die Waldverderber und ihre Feinde« schädliche Forstinsekten und Waldtiere beschrieben. Leider sollte Pfeil mit seiner düsteren Prognose Recht behalten. Vielen ehemaligen Genossenschafts- und Privatwäldern wurde der Garaus gemacht, und der Holz- und Flächenbedarf der beginnenden Industrialisierung entwaldete ganze Landstriche.[62]

1849 hat Pfeil dem Zeitgeist entsprechend, der den gesellschaftlichen Reichtum als Nationaleinkommen definierte, eine volkswirtschaftliche Rechnung für den Nutzen des Waldes aufgemacht: Der Wald ist als stehendes Betriebskapital zu betrachten, dessen Holzvorrat in verschiedenen Umtriebszeiten für Hoch- und Niederwald einen Ertrag abwirft. Der Waldbesitzer wird sich an der durchschnittlichen Verzinsung des vorhandenen Kapitals orientieren und in Konkurrenz stehen zu Industrie und Landwirtschaft. Der prognostizierte Holzzuwachs ist der Zins auf sein im Wald stehendes Kapital. Er wird also darauf achten, einen möglichst großen Holzzuwachs zu erzielen und schnell wachsende und gut zu vermarktende Baumarten bevorzugen. Für den prognostizierten Zuwachs gab es Tabellen, die aber, wie Pfeil kritisiert, die Bodengüte und den Standort nicht berücksichtigten, sondern für die einzelnen Baumarten nur pauschale Werte nennen und das Wachstumsverhalten der einzelnen Baumarten nicht entlang ihrer optimalen Bedingungen bewerten. Forstwirtschaft bedeutet nach seiner Lesart Holzzucht mit an den Standort optimal angepassten Bäumen und eben nicht eine flächendeckende Gleichmacherei mit einer einzigen, angeblich unter allen Bedingungen schnell wachsenden Art, wie ihn die Zuwachstabellen suggerierten.

Da der Holzgebrauch abhängig von der Nachfrage ist, so Pfeil, schwankt sein Preis auch regional. Der Forstwirt muss sein Handeln danach ausrichten, wenn er den Wald für die Verzinsung des im Holz steckenden Kapitals vorteilhaft nutzen will. Er hat sich für das potentielle Geldvermögen, das im Holz steckt, zu interessieren. Pfeil bemängelt, dass in den Zuwachstabellen immer nur das Stammholz berücksichtigt wird, während das sonstige, meist als Brennholz genutzte Geäst unter den Tisch fällt. Das »schwache Holz« aber ist gerade für die ärmere Bevölkerung, den »Raff- und Leseholzberechtigten«, überlebensnotwendig und hat deshalb auch einen Wert. Es ist eine Art Sozialleistung, die im nationalen Maßstab berücksichtigt und dem Volksvermögen zugeschlagen werden muss, wie ich Pfeil interpretiere.[63] Die soziale Ader Pfeils kann kaum verdecken, welche Richtung die Forstwirtschaft nach Ablösung der Servituden auch bei ihm einschlagen wird: Aus Wald wird Forst, dessen Kapital durch intensive Bewirtschaftung wenigstens den durchschnittlichen Kapitalmarktzins abzuwerfen hat. Wer dabei gegen Naturgesetzlichkeiten verstößt und die Holzproduktion in fragwürdige Zuwachstabellen zwängt, wird dieses Ziel nicht erreichen. Die moderne Forstwirtschaft muss naturwissenschaftlich und ökonomisch rational handeln, wenn sie erfolgreich sein will.

Drei Jahre später berichten die *Neue(n) Jahrbücher der Forstkunde* von zwei Vorfällen, die die schrecklichen Folgen eines Autoritätsverfalls, vor allem die der Forstbeamten, im Wald dokumentieren sollen.[64] Im März 1848 fielen die umliegenden Gemeinden des Soonwaldes bei Kreuznach in den »Verbotenen Soon« ein und »stümmelten die 40-60jährigen Hainbuchen«. Die Gemeinden hatten keinerlei Rechte an diesem Wald. Es folgt ein Bericht über die absurden Folgen der Märzereignisse in den Wäldern um Darmstadt.[65] Dort hatte es 1847 eine verheerende Raupenplage gegeben. Im Winter waren 350 Arbeiter eingestellt worden, um das bemooste Schadholz zu entfernen. Die Anzahl der Arbeiter verdoppelte sich wegen der großen Arbeitslosigkeit seit dem Beginn der Arbeiten am 16. Februar 1848, die aus den umliegenden Gemeinden herbeiströmten. Sie hatten es auf das Moos abgesehen und vergeudeten viel Zeit, um es zu trocknen. Dadurch entwichen die Käfer. Am 9. März, ausgelöst durch die Märzereignisse, wurden die Arbeiten eingestellt und man freute sich, dem Revierförster eine Nase gedreht zu haben. »Die politischen Stürme dieses Monats brachten den Gemeinden die souveräne Überzeugung, daß man der Forstbeamten gar nicht mehr bedürfe, und es jetzt an der Zeit sei, sich der lästigen, zeitraubenden und dabei unnöthigen Raupenvertilgungsmaßnahmen zu entledigen ... Der Rausch war bald ausgeschlafen, denn im Juli stand man vor einer Verheerung, die schauderhaft ist«. Rund 500 Hektar Kiefernwald waren zerstört.

Es war die *Versammlung Deutscher Land- und Forstwirthe* in Mainz im Oktober 1849, die wegen der Unruhen um ein Jahr verschoben worden war, auf der ziemlich rabiate Vorschläge zur Lösung der Waldprobleme auf den Tisch kamen. Die beiden Vorsteher der Sektion Forstwirtschaft, Freiherr von Wedekind, der Herausgeber der *Allgemeinen Forstzeitung*, als erster Vorsteher, und Forstrat Josef Mantel aus Unterfranken als zweiter haben in ihren Beiträgen zu Waldstreu und Holzfrevel kein Blatt vor den Mund genommen und ihren Ressentiments jetzt freien Lauf gelassen.

Wedekind: »Es ist eine bekannte Erfahrung, daß von jeher das Proletariat die Waldungen als eine unversiegbare Quelle redlichen und unredlichen Erwerbes betrachtet hat. Noch nie aber sind die Angriffe so offen und allgemein gewesen als im verflossenen Jahre. Die gänzliche Erschlaffung der Gesetze gestattete der Habsucht jeden Eingriff«.[66] Die unteren Behörden huldigten dem Prinzip, dass »dem Pöbel der Mund mit Holz und Waldstreu gestopft werden könne ... so wurde der Wald der Brennpunkt der heterogensten Einflüsse und die Beute des Proletariats«. Es war diese Aversion gegen die Besitzlosen, die den konservativen, aber fürsorglichen Pfeil zu einem heftigen Gegner des Freiherrn von Wedekind machte. Der zweite Vorsteher, Forstrat Mantel, setzte noch einen drauf:

»Ein Hauptgrund, weshalb die Angriffe des Proletariats sich stets erneuerten, lag, neben dem ziemlich allgemeinen Streben derselben nach fremdem Eigenthum, in der allgemeinen Amnestirung... Die Leute, welche vorher nur aus Gewinnsucht oder aus Bedürfnis gefrevelt hatten, thaten es jetzt aus Muthwillen, und ohne eine andere Absicht, als durch ihre Excesse, ihre Souverainetät in den Waldungen zu zeigen... Nur das Proletariat ist der Schrecken der Waldungen«. Wegen Mangel an Beschäftigung wollten die Leute im Wald arbeiten, aber ihre Arbeit sei nicht mal die sechs Kreuzer wert, die sie bekämen. Sie warteten den Winter ab, um wegen ihrer Frevel ins Gefängnis zu gehen, wo sie Nahrung hätten, »besser im Gefängnisse als in ihrer armen Freiheit«. Mantel propagiert eine organisierte Auswanderung, eine Richtungsumkehr, die »Wohlstehende« an der Auswanderung hindere, wo es doch darauf ankomme, »das eigentliche Proletariat zu beseitigen«. Staat und Gemeinden müssten »verarmte und unmoralische Individuen entfernen«. Genau so ist es dann gekommen. Die Zahl deutscher Auswanderer stieg von 70000 im Jahr 1848 auf 220000 im Jahr 1853. Die meisten flohen nach Nordamerika. Die Zeitungen veröffentlichten regelmäßig lange Listen von Auswanderungswilligen, die eine Genehmigung brauchten, damit sie sich eventuellen Gläubigern nicht entziehen konnten.

Tatsächlich haben Waldfrevel bis hin zum Vandalismus während der revolutionären Ereignisse stark zugenommen.[67] Aber in eine solche eifernde, auf Vernichtung von Besitzlosen ausgehende Konfrontation, haben sich die organisierten Landwirte nicht begeben. Sie waren nach den Exzessen nachdenklich geworden, sorgten sich um die Zukunft ihrer Wälder und fürchteten Eingriffe in die Rechte zukünftiger Generationen. In einer die eigenen zwiespältigen Interessen reflektierenden Denkschrift des engeren Ausschusses der Landwirte vom März 1849 an die Deutsche Nationalversammlung plädierten sie für einen besonderen Schutz der Gemeindewaldungen, weil »gerade der Organismus und die Natur der Gemeinde nothwendig einen Widerstreit begründen muß zwischen den Interessen der Gegenwart und denjenigen der Zukunft, zwischen Privatinteressen der Gemeindeangehörigen und denjenigen der Gemeinde; wenn bedacht wird, wie nahe die Versuchung liegt, durch Eingriffe in die Rechte künftiger, in keiner Art vertretener Generationen auf eine leichte unscheinbare Weise sich aus den Verlegenheiten der Gegenwart zu helfen,...so scheint es wahrlich dringend geboten,... daß nicht die Hauptquelle ihres Wohlstandes gefährdet werde durch eine falsche, dem wahren Sinn der deutschen Grundgesetzgebung widerstrebende Auffassung des Begriffes municipaler Selbständigkeit«.[68] Sie forderten eine Oberaufsicht der Landesbehörden, die den Grundbesitz, insbesondere die Waldungen vor den jetzigen Nutznießern zugunsten der zukünftigen schützen müsste.

Die »Frage, ob Holz oder Streu oder gar am Ende kein Holz und also auch keine Streu?!« hat die bayerischen Landwirte schon 1848 beschäftigt. Der *Landwirthschaftliche Verein* schlägt eine von der Regierung zu fördernde wissenschaftliche Herangehensweise vor und referiert Schriftsteller, die aus Regionen berichten, in denen keine Waldstreu entnommen wird.[69] Einem Briefschreiber aus München an die *Allgemeine Forst- und Jagdzeitung* bereitet große Sorge, dass die deutsche Nationalversammlung am 27. Dezember 1848 bei ihrer Aufstellung der Grundrechte die Privatwaldungen, die Guts- und Korporationswaldungen gänzlich freigegeben hat, »d.i. die Bewirthschaftung oder Erhaltung derselben durch die öffentlichen Behörden nicht überwacht, und deren Rodung unbedingt zugestanden würde«.[70] Genau das hatte Pfeil befürchtet und versucht, gegen eine bedingungslose Freigabe seine große Reputation einzusetzen. Vergeblich. Der Wald, nicht sein Wild, war von der Frankfurter Nationalversammlung zum Abschuss freigegeben worden, eine Staatskontrolle der Privat- und Gemeindewälder, um Raubbau zu verhindern, nicht vorgesehen. Die Befürworter einer grenzenlosen Freiheit des Eigentums hatten triumphiert. Es bestünde nun die Gefahr, so der Briefschreiber weiter, dass die Eigentümer den Wald versilbern wollten, um einträglichere Spekulationen zu unternehmen oder sich auf Kosten der Nachkommen »eine möglichst angenehme Lebensexistenz zu verschaffen«. Erst nach einer dreijährigen Vernichtungsorgie, die vom Volksmund mit Ausdrücken wie kahler Abtrieb und Güterschlachten belegt worden war, zog die bayerische Regierung in ihrem Forstgesetz von 1852 die Notbremse und etablierte auch für die Privat- und Gemeindewälder eine forstpolizeiliche Überwachung, eine Genehmigungspflicht für Rodungen und ein Verbot, Schutzwälder abzuholzen. Die Genehmigungspflicht war allerdings so schwammig formuliert, dass eine Abholzung von Wäldern zugunsten einer landwirtschaftlichen Nutzung oder für andere Zwecke weiterhin möglich war.

Liebigs Chemie und der Wald

Die rasanten Fortschritte der Chemie in der ersten Hälfte des 19. Jahrhunderts haben den Gegnern der Waldstreuentnahme erstmals wissenschaftliche Argumente an die Hand geliefert, mit denen dem traditionellen Wirtschaften der Bauern auf einer weiteren Ebene der Kampf angesagt werden konnte. Die Bauern, die während der 1848er Revolution noch darauf bestanden, lieber noch mehr als weniger Streu aus dem Wald zu holen, wurden in den Jahren danach durch Regierungsverordnungen und Forstgesetze auf ein Volumen zurechtgestutzt, das sich am Wohl des Waldes und nicht am Wohl des Ackerbaus zu orientieren hatte. 1857 gründete Justus von Liebig (1803-1873) zusammen mit Carl Fraas (1810-1875) die *Bayerische Aktiengesellschaft für Chemische und Landwirtschaftlich-chemische Produkte* mit Sitz in Heuberg im Chiemgau, die heutige *Südchemie AG*. Sie war die erste Fabrik für künstlichen Dünger in Deutschland. Waldstreu, mit dem die Bauern die Exkremente des Viehs in den Ställen anreicherten, und ihn als Dung auf die Felder brachten, war nun ersetzbar geworden.

Liebigs *Chemie in ihrer Anwendung auf Agricultur und Physiologie* von 1840 hat bei einigen Forstleuten wahre Begeisterungsstürme ausgelöst. Bereits im Septemberheft der *Allgemeinen Forst- und Jagdzeitung* von 1840 wurde auf Liebigs Arbeit hingewiesen, noch bevor alle Druckbögen vorlagen. »Wir eilen damit, ... weil auch unser Publicum mit dieser bedeutenden Erscheinung nicht zu früh bekannt gemacht werden kann«.[71] Wenig später folgte Wilhelm Pfeil in seinen *Kritischen Blättern für Forst- und Jagdwissenschaft.*[72] Pfeil gibt Liebigs Ausführungen in leicht verständlicher Sprache wider. Auf der *Versammlung Deutscher Land- und Forstwirthe* von 1841 berichtet Prof. Johannes Röper (1801-1885), Botaniker und Professor für Naturgeschichte in Rostock, unter Beifall, dass Liebigs Werk ein neues Licht auf die Schädlichkeit der Streunutzung geworfen und gezeigt habe, »wie die Erhaltung der edleren Holzarten specifisch erforderlichen Alkalien und sonstige Stoffe durch die Streunutzung entführt werden«.[73]

Pfeil, der den Bauern immer ein Recht auf die Nutzung der Produkte des Waldes zugestanden hat, bemüht sich in einer forstlichen Bodenkunde ein Jahr später, die Unterschiede zwischen Land- und Forstwirtschaft bei der Ertragsverbesserung der Böden herauszuarbeiten.[74] In Anspielung auf die Rolle des Kohlenstoffs für das Wachstum der Pflanzen erwähnt er den Genfer Naturwissenschaftler Jean Sennebier (1742-1809) mit dessen Spruch: »Der Baum ist mehr in die Luft gepflanzt als in die Erde« und argumentiert fast durchgehend mit Liebig. »Bei regelmäßiger Behandlung des Waldes wird sich der Boden ebenfalls wieder verbessern, wie der bessere Landwirth den Acker wieder fruchtbar macht, nur langsamer, weil dem Forstwirthe keine solchen Hülfsmittel zu Gebote stehen, eine rasche Verbesserung zu bewirken, wie dem Landwirthe.[75] Die wissenschaftliche Bodenkunde sei ein Produkt der Landwirtschaft, für den Wald würden nur allgemeine Sätze »herübergezogen«, aber eigentliche Untersuchungen, welche Elemente das Holzwachstum befördern, gäbe es nicht. Pfeil will nun versuchen, »wie man der allgemeinen Theorie der Bodenkunde, wie sie in neueren Zeit durch Schübler, Thäer, Sprengel, Liebig und andere chemische Schriftsteller, so wie durch unsere Geognosten und Mineralogen ausgebildet worden ist, mehr specielle Beziehung zum praktischen Forsthaushalte geben kann«.[76] Er will sich heraussuchen, was für den Wald zu gebrauchen ist.

Dass die Pflanzen Kohlenstoff aus der Luft aufnehmen und Sauerstoff abgeben, war keine neue Erkenntnis. Jan Ingenhousz, Jean Sennebier, Nicolas de Saussure haben zwischen 1779 und 1804 den Zusammenhang zwischen Kohlenstoffaufnahme und Sauerstoffabgabe in den grünen Teilen der Pflanze unter Lichteinwirkung bewiesen, Jean Pelletier und René Dutrochet 1818 und 1837 das Blattchlorophyll als den Ort des Austausches identifiziert. Liebig weitet den Blick auf große Zusammenhänge und macht eine Kohlenstoff-Sauerstoff-Gesamtrechnung für die Atmosphäre der Erdkugel auf, um zu beweisen, dass der gesamte Kohlenstoff der Pflanzen aus der Assimilation von Kohlensäure in der Luft stammt, in etwas kühnen Annahmen durchgerechnet. Ergebnis: Die Bilanz Kohlensäure-Sauerstoff ist ausgeglichen. Er berechnet auch, wie viel Kohlensäure als urzeitlich gebundenes Pflanzenmaterial in Stein- und Braunkohle steckt.

»Wenn auf der Oberfläche der Erde durch Anhäufung von lebenden Geschöpfen oder durch Verbrennungsprocesse die Kohlensäurebildung zunimmt, so erhält damit an diesem oder einem andern Orte die Vegetation einen Überschuß an Nahrungsstoff. Durch den Übergang des Kohlenstoffs dieser Kohlensäure zu einem Bestandtheile der wildwachsenden oder Culturpflanzen wird das Gleichgewicht des Sauerstoffgehalts wieder hergestellt. Mit dem Erscheinen des Menschen war die Unveränderlichkeit des Sauerstoff- und Kohlenstoffgehalts der Atmosphäre für immer festgesetzt«.[77]

Seine Sauerstoff-Kohlenstoffbilanz ist trotz der Verbrennung fossiler Brennstoffe ausgeglichen, weil er davon ausgeht, dass eine beliebige Menge an CO_2 von den Pflanzen wieder assimiliert und in Wachstum umgesetzt werden kann. Eine Anreicherung gigantischer Mengen an Kohlendioxid in der Atmosphäre im Zuge der Industrialisierung und stetiger Zunahme der Verbrennung fossiler Brennstoffe und einer globalen Klimaerwärmung konnte Liebig noch nicht einmal ahnen.

Am Wald ist er vor allem als möglichem Dünger für die Landwirtschaft interessiert und betont den Gehalt an Mineralien in der Asche:

»Wenn wir in Gegenden, auf denen seit urdenklichen Zeiten die Vegetation nicht gewechselt hat, den Wald in Culturland verwandeln, wenn wir die Asche der gefällten Bäume und Sträucher auf dem Felde vertheilen, so haben wir dem im Boden vorhandenen einen neuen Vorrath von alkalischen Basen, von phosphorsauren Salzen hinzugefügt, welcher für hundert und mehr Ernten gewisser Gewächse hinreicht«.[78] »Die Erfahrungen in der Wald- und Wiesencultur geben zu erkennen, daß die Atmosphäre eine für die Vegetation unerschöpfliche Menge Kohlensäure enthält. Wir ernten auf gleichen Flächen Wald- oder Wiesenboden, in welchem die den Pflanzen unentberlichen Pflanzenbestandtheile vorhanden sind, ohne daß ihnen ein kohlenstoffhaltiger Dünger zugeführt wird, in der Form von Holz oder Heu, eine Quantität Kohlenstoff, welche gleich ist und in vielen Fällen mehr beträgt als die Kohlenstoffmenge, welche das Culturland in der Form von Stroh, Korn und Wurzeln hervorbringt«.[79]

Der Ertrag eines Waldes an Holz oder einer Wiese an Gras ist nicht abhängig von einem kohlestoffreichen Dünger, denn der Kohlenstoff kommt aus der Luft. Der Ertrag ist abhängig von Wasser, Mineralien und Ammoniak. Eine spezielle Betrachtung der Wuchsleistung des Holzes findet nicht statt.

Liebig hat lange an seiner falschen Stickstofftheorie festgehalten, bei der die Pflanzen Stickstoff in Form von Ammoniak aus der Luft über seine Fixierung im Boden aufnehmen, weshalb er heftig angegriffen wurde. »Vermehren wir den Ammoniakgehalt der Luft oder des Bodens, so findet die Pflanze zu günstiger Zeit mehr von diesem Nahrungsmittel als sonst vor, und die Folge davon ist, daß in entsprechender Weise mehr Bodenbestandteile wirksam werden«.[80] Stickstoff aus der Luft gelangt aber nur nach Umwandlung von NO in NO_2 durch Blitz und Auswaschung im Regen in geringen Mengen in den Boden und kann nur von wenigen Pflanzen wie den Leguminosen (Hülsenfrüchtler) in Symbiose mit Knöllchenbakterien direkt aus der Luft gebunden werden.

Einer seiner profiliertesten Kritiker aus den Reihen der Forstwissenschaftler war der Braunschweiger Professor Theodor Hartig (1805-1880), der sich 1844 in der *Allgemeinen Forst- und Jagdzeitung* mit einer Rezension Liebigs zu Wort meldete. Hartig lehnt Liebigs großen Wurf einer deduktiven Beweisführung prinzipiell ab und fordert Experimente, bevor eine so weitreichende Behauptung aufgestellt wird. Hartig bezweifelt nicht, dass die Pflanzen ihren Kohlenstoff fast ausschließlich aus der Luft beziehen. Er kritisiert Liebigs Auffassung vom Humus und falsche Vorstellungen über die Zersetzung von Blättern und Ästen, bei dem es sich nicht um einen rein chemischen Prozess handele, sondern auch um einen physiologischen, an dem die von ihm 1833 beschriebenen Pilze und Mikroorganismen beteiligt seien. Liebigs Gesamtrechnung sei fehlerhaft, weil er die Rolle des atmosphärischen Sauerstoffs bei der Verwesung des Holzes nicht berücksichtige. Es bleibe weiter zu klären, welche Bestandteile die Pflanze dem Humus entnimmt.

Die Pflanzenphysiologen und Botaniker haben sich mit den Chemikern verbissen um diese sogenannte Humustheorie gestritten.[81] Der Chemiker und Agronom Jean-Baptiste Boussingault (1802-1887) konnte das Stickstoffproblem schließlich klären. Dazu der Pflanzenphysiologe Julius Sachs (1832-1897) in seiner *Geschichte der Botanik* in seinem 30jährigen Rückblick:

»Ganz vorwiegend war es nun Boussingault, der im Gegensatz zu Liebig's deductivem Verfahren den rein induktiven Weg betrat, die Methoden für Vegetationsversuche nach und nach verfeinerte und bald dahin gelangte, Pflanzen in einem völlig humusfreien rein mineralischen Boden so zu kultiviren, daß nicht nur die Frage nach der Herkunft des Kohlenstoffs aus der Atmosphäre, sondern auch die Stickstofffrage definitiv gelöst wurde. An solchen künstlich ernährten Pflanzen zeigte Boussingault unter Beachtung aller hier so gefährlichen Fehlerquellen, daß der atmosphärische, elementare Stickstoff für die Ernährung der Pflanzen gleichgiltig ist, daß aber eine normale Vermehrung der stickstoffhaltigen Pflanzensubstanz stattfindet, wenn die Wurzeln außer den nöthigen Aschenbestandtheilen salpetersaure Salze aufnehmen«. Aber Liebig sei es, »der 1840 die Humustheorie beseitigte, den Kohlenstoff der Pflanzen ganz ausschließlich auf die atmosphärische Kohlensäure, den Stickstoffgehalt derselben auf das Ammoniak und seine Derivate zurückführte, die Aschenbestandtheile als wesentliche Faktoren der Ernährung in Anspruch nahm und von den allgemeinen Gesetzen der Chemie ausgehend, vorwiegend auf deduktivem Wege einen Einblick in die chemischen Vorgänge der Assimilation und des Stoffwechsels zu gewinnen suchte. Erst in dem Zusammenhang, den Liebig den mit der Ernährung verbundenen Erscheinungen zu geben wußte, trat jetzt der ganze theoretische Werth der von Ingenhous, Senebier und Saussure gefundenen Thatsachen hervor ...«[82]

Für die bäuerliche Praxis der Waldstreuentnahme bedeuteten die 1840er Jahre das wissenschaftliche Todesurteil, besonders die der Entnahme mit scharfem Rechen, bei dem neben der oberflächlichen Streu auch noch ein Teil der Humusschicht mit Mineralien und dem lebensnotwendigen Stickstoff entfernt wurde.

Der Botaniker und Mitbegründer der Zelltheorie Matthias Jacob Schleiden (1804-1881) lässt kein gutes Haar an Liebig. Er wirft ihm zahlreiche undurchdachte Behauptungen, Denunziation der Physiologie usw. vor. Dem Zellforscher Schleiden ist die Globalsicht auf das Pflanzenwachstum, die Liebig einnimmt, zutiefst zuwider, und er verlangt erst einmal genauere chemische Kenntnisse der Abläufe in der einzelnen Pflanze, bevor man sich zu pauschalen Behauptungen hinreißen lässt. Da ist etwas dran, weil Liebig wirklich kühne Rechnungen aufmacht, die Schleiden allesamt zerlegt und die Liebig in der 5. Auflage seines Werks kommentarlos gestrichen hat. Die armselige Chemie könne noch wenig zu den Vorgängen des Pflanzenwachstums beitragen, sagt Schleiden, die Rolle der Blätter sich nicht in der einfachen Zerlegungung der Kohlensäure erschöpfen, und sie könne nicht erklären, wie denn nun der Kohlenstoff vom Blatt in die Holzfaser komme, ob aus dem Boden oder aus der Luft, beide Wege seien keineswegs geklärt.[83] Schleiden hat den großen Wurf Liebigs nicht erkannt oder nicht erkennen wollen, mit dem dieser auf der Basis des vorhandenen Wissens das Leben der Pflanzen in einen Kohlensäure- und Sauerstoffkreislauf der gesamten Erdatmosphäre integrierte und damit auch den Rahmen definierte, in dem die weitere Forschung der Pflanzenphysiologie erfolgreich sein konnte.

Der Streit fand seinen Niederschlag in den Forstzeitungen von 1847, die wie die *Allgemeine Forst- und Jagdzeitung* zwei Rezensionen anbot, die sich mit der Humustheorie und Liebigs Kohlenstoffaufnahme aus der Luft beschäftigten.[84] während Pfeil in den *Kritischen Blättern* angesichts der ungesicherten Erkenntnisse der Pflanzenphysiologie dafür plädierte, jahrhundertealte Erfahrungen nicht einfach beiseite zu schieben und erst einmal weiterzumachen wie bisher.[85] Man könne von den Schriftgelehrten noch nicht lernen, wie der Waldbau betrieben werden soll. Pfeil hat Zeit seines Lebens gegen die Stubenhocker auf den Kathedern gewettert, die allgemeine Regeln aufstellen, den Holzzuwachs auf den Zentimeter genau vorherzusagen meinen, ohne die Bedingungen vor Ort in Erwägung zu ziehen. Und diese Bedingungen waren es, die die Bauern auf die Barrikaden und die Förster zur Verzweiflung trieben.

Bilder vom menschlichen Zugriff auf den Wald

Ich werde in diesem Kapitel den Versuch unternehmen, die Geschichte der Waldnutzung durch den Menschen in einer Bildergalerie mit Werken aus der Malerei, der Kartografie, mit Kupferstichen, Radierungen und Zeichnungen und mit einigen Fotografien als wissenschaftliche Illustration anhand von Einzelbeispielen zu beschreiben. Die Abbildungen sind nicht chronologisch, sondern thematisch zusammengefasst und sollen ein Gespür für die tiefen Veränderungen vermitteln, die der Mensch mit seinen Bedürfnissen der Natur aufgezwungen hat. Ich stelle mir vor, dass die Bildunterschriften wie ein fortlaufender Text gelesen werden, an dessen Ende sich die Einzelteile eines Mosaiks zu einem Bild der Wälder vervollständigt, das von Menschen durch Gebrauch geschaffen wurde. Nirgendwo in Europa und kaum an irgendeinem Ort in der Welt ist der Wald noch ein natürlicher, selbst da nicht, wo durch Naturreservate versucht wird, den Einfluss des Menschen auszuschalten. Was hier der Natur überlassen wird, ist ein zuvor von Menschen benutzter, oft missbrauchter und durch großflächige Eingriffe veränderter Wald. Er wird nie wieder das werden, was wir Urwald nennen. Begonnen hat alles mit den ersten Rodungen für eine landwirtschaftliche Nutzung. Holz war Werkstoff für Geräte, Baustoff für Häuser und Schiffe und Brennstoff zum Kochen, Heizen, Metallschmelzen, Ziegel- und Kalkbrennen und Salzsieden. Die Rinde der Bäume lieferten Harz und Gerbstoff, die Waldböden Streu und Humus, Eicheln und Bucheckern Futter für die Schweine, Waldgras und Baumverjüngungen Nahrung für Rinder, Schafe und Ziegen, Herbstlaub landete zum Wärmen in Bettbezügen. Viele der Bilder lassen den gewaltigen Druck erahnen, der auf den Wäldern lastete. Sie zeigen ein räuberisches Vorgehen durch Kahlschlag der Köhler und internationaler Holzhändler und die jahrhundertelange konfliktreiche Symbiose von Bauer und Wald, in der beide unter dem Missbrauch der Jagd durch feudale Grundherren gelitten haben.

Die *Georgica*, Lieder vom Landbau, die Vergil zwischen 37 und 29 v. Chr. verfasste, enthalten schon viele Elemente der Beziehungen zwischen Bauer und Wald. Im ersten Buch nennt er den »schweren, krummen Eichenpflug«, Dreschtafeln, rollende Wagen, Flechtgeräte, dreigezackte Harken, ein für den »geschweiften Pflug mit großer Kraft gebändigtes«, krumm gebogenes Ulmenholz, ausgehöhlte Baumstämme für Tröge, Körbe aus Brombeerranken. Er beschreibt die Jagd auf Hirsche, »langohrige Hasen« und Kraniche und tötet das Damwild mit einer balearischen Schleuder. Im zweiten Buch kümmert er sich um Saat und Pflanzung von Bäumen und um die Veredelung von Gewächsen, und er kennt die bevorzugten Standorte von Weiden, Eschen und Eiben, schildert die Rodung als einen zornigen Akt des Pflügers gegen nutzloses Gehölze. Schon damals wurde der Kaukasus für den Schiffbau seiner Fichten und Zedern beraubt. Die Zypressen lieferten Radspeichen, Myrthen Speerschäfte, Eiben Bögen. Und er lobt die modernde Steineiche für die Behausung der Bienen und will »ohne Ruhm«, einfach nur so, Flüsse und Wälder lieben und sich an rieselnden Bächen in den Tälern erfreuen. Die Lieder boten spätestens seit ihrer Drucklegung zu Anfang des 16. Jahrhunderts den lesekundigen Verwaltern von Landgütern zahlreiche Anregungen für eine rationale, die Boden- und Klimaverhältnisse berücksichtigende Landwirtschaft.

Die Holzschnitte aus der Werkstatt des Druckers Johannes Grüninger in Straßburg, die 1502 die Gesamtausgabe Vergils des Straßburger Kanzlers Sebastian Brant (1457-1521) zieren, halten bereits die Konflikte fest, die die Koexistenz von Landwirtschaft mit ihrem Jahresrhythmus und dem generationenübergreifenden Rhythmus des Waldes von Anfang an geprägt haben. Die Landwirtschaft beginnt mit der Rodung des Waldes, und ihr Fortbestand hängt von Produkten des sie umgebenden Waldes ab. Wie diese Nutzung im Einzelnen aussehen konnte, wurde von den Besitzverhältnissen an Boden und Wald gewaltsam überprägt, in Regeln unter Strafandrohung festgezurrt und nicht selten in blutigen Konflikten ausgetragen. Der Wald hatte sich nach den ersten Siedlungen den Ansprüchen des Menschen zu fügen. Der Bauer lebte mit und von ihm mit zwei Seelen in seiner Brust, dem Jahresrhythmus seines Ackers und dem hundertjährigen des Waldes. Aber in den allermeisten Fällen hatte er in der Gesellschaft, in der er lebte, weder über den Acker noch über den Wald zu bestimmen.

Während der Bauer ein Naturrecht auf die Produkte des Waldes beanspruchen konnte, traten die anderen Nutzer des Waldes als Genussmenschen oder meist gedankenlose Plünderer des Holzvorrats auf. Die Grundherrn wollten ihrem Jagdvergnügen frönen und am Holz verdienen, die Salinen und Glashütten, die Bergwerke und Hüttenindustrien, die Schiffbauer, sie alle hatten ein eher räuberisches Verhältnis zum Wald. Möglichst schnell möglichst viel aus ihm rausholen, egal wie er nachher aussah. Man verlegte dann die Einrichtungen in noch waldreiche Gegenden oder besorgte Holz von weither, ohne sich um das weitere Schicksal des Waldes oder die schweren langfristigen Schäden in den von der Entwaldung betroffenen Tälern zu kümmern. Erst spät erkannten Bergwerks- und Salinenbetreiber und andere Gewerke, dass ihr Geschäft langfristig nur erfolgreich sein konnte, wenn sie dem Wald

Zeit zur Regeneration ließen, Kahlschläge vermieden und wieder aufforsteten.

Dieser profitable Gebrauch der Produkte des Waldes hat dem Landschaftsbild und dem Aussehen der Wälder seinen Stempel aufgedrückt. Er ist auch verantwortlich für Wüstungen, Heiden, Sümpfe und mickriges Krüppelholz auf ausgelaugten Böden. Er ist verantwortlich für Aufforstungen mit standortungeeigneten Bäumen, für Monokulturen und deren Anfälligkeit für Insektenfraß und Sturm, für vermehrte Lawinen- und Murenabgänge und wiederkehrende Überschwemmungen nach Kahlschlag. Vieles davon hat sich in Werken von wissenschaftlichen Buchillustratoren und Künstlern mehr oder weniger bewusst niedergeschlagen. Als genaue Beobachter oder romantische Idealisten, als wissenschaftlich Interessierte oder mythologisch Verklärte haben sie für ihre Zwecke das aus der Natur genommen, was ihrem inneren Zustand entsprach, und dabei gesehen, was vor ihren Augen lag – die Kultur einer Landschaft und ihre Dressur durch die Hand des Menschen.

Bauer und Wald

Abbildung 5: Holzschnitt von Sebastian Brant aus: Opera vergiliana Lyon 1515. Georgicum lib 1 Fol. LXXII. Die Illustration in Vergils Georgica zeigt den Abwehrkampf der Bauern gegen das in ihre Felder eindringende Wild, mit Zäunen, Steinschleuder und Fangnetzen. Die Bauern ohne Jagdrecht hatten keine andere Wahl, sich des vom Adel gehegten Wildes erwehren, wenn sie ihre Ernte einfahren wollten. Die Eiche hat Brant freundlicherweise in die Dorfmitte platziert, wo sie auch nach Vergil nicht hingehört. Die Eicheln für die Schweine und in Notzeiten auch für den Menschen waren so leichter zu ernten. Sie gehörte in den Wald, in dem der Besitzer die Regeln der Eichelmast bestimmte. Für alles brauchte der Bauer Holz: Abgebildet sind ein Waschzuber, in dem der Wein gekühlt wird, Holzscheite und Reisigbündel, Fachwerkhaus und Laubenhütte mit Bänken, unendlich viele dicht geflochtene Zäune gegen das Eindringen von Wildschweinen und Rotwild.

Abbildung 6: Holzeinschlag. Wolf Helmhardt von Hohberg (1612-1688), Georgica curiosa aucta, das ist umständlicher Bericht und klarer Unterricht von dem adelichen Land- und Feld-Leben auf alle in Teutschland übliche Land- und Haus-Wirthschafften gerichtet ... Nürnberg 1695, S. 217. Zu sehen sind die im November zu verrichteten Arbeiten. Zum Beispiel Hasen, Schweine, Otter, Biber, Dachse, Marder, wilde Katzen jagen und Rebhühner fangen. Holz für Fässer, Latten, Leitern und Zäune schlagen. Bei Brennholz darauf achten, dass »kein tüchtiges Bau- und Zimmer- Holtz gefällt und zerhackt werde«. Bauholz zwischen dem 13. November und dem 13. Januar fällen. Bäume tief abschlagen, damit sie wieder austreiben, und Gehölze für Rotwild schonen. Das Laubrechen in den Wäldern verbieten und Holzabfuhr erst im Winter bei Schnee und gefrorenem Boden erlauben. Das war die Sicht eines adligen Landbesitzers in der Umgebung von Regensburg, das wahrscheinlich im Hintergrund angedeutet ist. Er verlangte auch: »die Unterthanen aufzeichnen lassen, die ihre Aecker und Weinberge nicht, oder übel gebaut haben« und Zäune und Grenzmarkierungen nur zusammen mit den Nachbarn zu überprüfen, weil es sonst Ärger gibt. Vorne werden Quittenbäume in den »Kuchen-Garten« gepflanzt.

Abbildung 7: Physica sacra: Johann Jacob Scheuchzer (1672-1733), Kupferbibel In welcher Die Physica sacra oder Geheiligte Natur-Wissenschafft Derer In der Heil. Schrifft vorkommenden Natürlichen Sachen, Deutlich erklärt und bewährt. Augspurg und Ulm 1733 Band 3, S. 645: Es geht um Psalm LXV. »Gott crönt das Jahr mit seiner Güte«. Scheuchzer spricht hier vom Land mit seinen Bergen und Tälern, die das Wasser des Himmels trinken. Ich sehe hier eine Kulturlandschaft, in der die Wälder fehlen. Selbst die Berge sind bis auf einen dünnen Baumkranz komplett abgeholzt. Wenn eine solche Erde zu viel Wasser zu trinken bekommt, ergießt sie sich sie als Mure ins Tal.

Abbildung 8: Hans Friedrich von Flemming (1670-1733), Der vollkommene teutsche Jäger Darinnen Die Erde Gebürge, Kräuter und Bäume, Wälder, Eigenschaft der wilden Thiere und Vogel, so wohl Historice, als Physice, und Anatomice: Dann auch die behörigen groß- und kleinen Hunde, und der völlige Jagd-Zeug; Letztlich aber Die hohe und niedere Jagd-Wissenschaft Nebst einem Jmmer-währenden Jäger-Calender ... Leipzig 1724, Band 2, Ausschnitt Tafel XXXV, S. 270. Flemming war kursächsischer Oberforst- und Wildmeister. Hier nimmt der Forstmeister genau Maß, denn er lebt von den »Anweisungen«, die die Waldnutzer zu zahlen haben. Flemming präsentiert eine sehr lange Liste mit den von der Fürstlichen Rentkammer festgelegten Preisen. Der Forstmeister kassiert »bey Anweisung eines großen Well- oder Nutz-Baumes«(ein Wellbaum ist die Achse einer Kraftmaschine wie bei Seilwinden), bei Bauholz, von den Glashütten, den Hammer- und Eisenwerken, für jeden Klafter Holz, von den Köhlern, von der Nutzung der Wiesen im Wald, von Flößern, für die »Aufsuchung der Zigeuner, oder andern losen Gesindels im Wald«, für Drechselstämme und für »Harzscharren« (Gewinnung von Baumharz), für Schindeln, Reisig und vieles mehr. Es waren diese Anweisungsgebühren, die Bauern zur Weißglut trieben und den einen oder anderen Halunken unter den Forstmännern zu einer beliebigen Korrektur der Gebühren nach oben. »Es bekommt ferner der Jäger den Abgang alten Holtzes von Wald-Häusern, wenn solche abgerissen und repariret werden, zu seinem Accidens; ingleichen den Abgang vom Holtz zu Herrschafftlichen Gebäuden, oder was angewiesen wird, nicht weniger die Spähne und das Reisig davon. Ferner vom Floß-Holtz die langen Scheite auf dem Aussetz-Platze. Von der Trifft jährliches Wege-Geld von den Fuhrleuten, ingleichen Fische aus dem Floß- oder andern Teichen. Endlich auch die Schaal-Höltzer von der Wald-Brücke, da solche wandelbahr und abgerissen wird.«

Abbildung 9: Forstrecht. Johann Jodoco Beck, Tractatus de jurisdictione forestali: Von der forstlichen Obrigkeit, Forstgerechtigkeit und Wildbann ... Nürnberg 1737. Frontispiz. Beck (1684-1744) war Professor für Kirchenrecht an der Universität Altdorf bei Nürnberg. Seine Abhandlung über forstliche Rechtsprechung ist ein Dokument der oft widersprüchlichen Regeln für die Waldnutzung und die Jagdberechtigungen. Es gebe kein Rechtsgebiet, in dem so viel über Eigentum und Regeln auf das heftigste miteinander gestritten werde, es komme zu Pfändungen und Tätlichkeiten mit Waffen. Sowohl die Herrschaft als auch ihre Untertanen betrieben Missbrauch am Wald. Die Herrschaft durch allzu beschwerliche »Jagd-Frohnen« und Überhandnehmenlassens des Wildes, das die Felder verwüste, ohne den Schaden zu ersetzen, die Untertanen durch »unziemliches« Aushauen der Bäume, das die Wälder ruiniere. Das wird auf 660 Seiten mit unzähligen Beispielen und Gerichtsurteilen belegt, die eine Wand nicht endender Widersprüche errichten. Die Abbildung dagegen ist klar und stellt die auf den Wald einwirkenden Interessen anschaulich zusammen. In der linken Bildhälfte eine Parforcejagd über ein Feld, eine in einem Zaun endende Treibjagd und oben ein kreisrunder Femelschlag im Wald mit einem grasenden Hirsch. In Rückenansicht ein Bauer mit Hund an der Leine, der den Hut gezogen hat und sich beim Jagdmeister mit Jagdhorn beschwert. In der rechten Bildhälfte nehmen Holzhändler Maß, ein Mann hackt einen Stamm, ein anderer stapelt die klafterlangen Stücke. Im Hintergrund grasen Rinder, Pferde, Ziegen und Schafe mitten im Wald. Die Eiche im Vordergrund wirkt gerupft, der Eichenstamm für Rindenlohe und der Fichtenstamm zur Harzgewinnung geschält.

Abbildung 10: Prudentia (Weisheit). Kupferstich von Pieter Brueghel dem Älteren (1526/30-1569) 22.4 x 29.7 cm. Aus der Folge sieben Tugenden 1561/1562. Bibliothèque Royale, Cabinet Estampes, Brüssel. Es ist weise, das Haus bis unters Dach mit Reisig vollzustopfen, Kohlköpfe in den Keller zu schleppen, Fleisch zu pökeln, Vorrat in Fässer und Dukaten in der Truhe zu versenken. Die Schöne mit dem Spiegel benutzt Leitern zur eleganten Selbstinszenierung. Auch das ist weise.

Abbildung 12 (rechte Seite): Tapisserie de Tournai, les bûcherons (Holzfäller), Atelier Jehan Grenier, ca. 1510. Wandteppich aus Wolle und Seide 330 x 520 cm. Le Musée des Arts Décoratifs Paris. Inv. PE 608. Tournai im heutigen Belgien war ein Zentrum zur Herstellung von Wandteppichen. Dieser hier ging an Philipp I. von Kastilien, genannt der Schöne.[86] Nur vereinzelt sind die Bäume so tief abgeholzt, dass sie wieder aus der Wurzel treiben können. Die meisten sind auf den Stock gesetzt und werden hoffentlich als Mittelwald wiedergeboren. Einige Bäume wurden für Bauholz stehen gelassen. Die Triebe der Unterschicht werden in dreißig Jahren zu Brennholz. Zwei dieser Bäume mit neuen Trieben beherrschen den Vordergrund, rechts ist ein hoher, abgeschnittener Stamm zu sehen, dessen Krone von einem Mann weggetragen wird. Vorne in der Mitte ein sorgfältig als Winkelholz behauenes Stück. Hackmesser, zweihändige Säge und Axt sind die Werkzeuge.

Abbildung 11: Daniel Hopfer, Bauernkirmes. Ätzradierung auf Eisenplatten um 1535. 48,6 x 98,4 cm. Orginal im Stadtmuseum Kaufbeuren. Aus: Rhyn: Kulturgeschichte des deutschen Volkes, Band 1, Berlin, 1897, S. 489. Lassen wir die Bauern in dieser Voralpenlandschaft feiern und schauen uns an, wie dicht sie die Landschaft mit Holzzäunen zugestellt haben und wie wenig vom Wald übriggeblieben ist. Das Holzhaus ist mit Schindeln gedeckt, Stühle und Bänke, selbst Schüsseln und Teller und wahrscheinlich auch die Becher sind aus Holz. Am rechten Bildrand hat sich ein Bauer, hinter einem Zaun versteckt, zum erfolgreichen Stuhlgang niedergelassen. Daniel Hopfer (1470-1536) lebte in Augsburg.

Abbildung 13: Reisigsammler: Simon Bening (ca. 1483 – 1561), Kalenderminiatur aus einem Stundenbuch. Brügge um 1550. Tempera, Gold auf Pergament. 5,6 x 9,5 cm. J. Paul Getty Museum, MS. 50 (93. MS.19). Wikimedia commons. Benins Miniaturen wirken trotz ihrer geringen Größe wie richtige Gemälde, in denen viele Einzelheiten zu erkennen sind. Das Reisig wurde nicht vom Boden gesammelt, sondern von den Bäumen abgeschlagen, zu erkennen am Baum links, aus dessen Stamm wieder neue Triebe wachsen, die noch nicht erntereif sind. Entlang des vorderen Bildrandes sind die Reste eines mit Reisig durchflochtenen Zaunes zu sehen und rechts Bündel von Ästen von exakt gleicher Länge. Die Baumstümpfe sind relativ weit unten glatt abgesägt und nicht wie zu dieser Zeit üblich, in Kniehöhe abgehackt. Simon Benin lebte in Brügge und galt schon zu Lebzeiten als ein Meister seines Fachs.

Abbildung 15 (rechte Seite): Zerkleinern von Nadelreisig: Sigmund Freudenberger (1745-1801), »Les soins maternels« (mütterliche Pflege). Kolorierte Umrissradierung 1791. 17,3 x 22,9 cm. Landesbibliothek Bern. Sammlung Rudolf und Annemarie Gugelmann. Nadelreisig wurde als Streuersatz für die Ställe kleingehackt, hier im Oberhasil, dem oberen Teil des Aaretals, heute im Kanton Bern.

Abbildung 14: Reisigsammler. Barend Cornelis Koekkoek (1803-1862). Öl auf Holz 38,1 x 53,3 cm. Privatbesitz. Clars Auction Gallery Oakland 25. März 2018. Der Niederländer Koekkoek hatte sich als Maler in Kleve am Niederrhein niedergelassen. Das Bild dürfte einen Eichenwald in dieser Gegend darstellen, der durch ständiges Abweiden von Jungwuchs in die Jahre gekommen ist. Wie oft bei Eichen, so sind auch hier ihre Äste am Waldrand abgesägt worden. Sie galten wegen ihren Krümmungen als ideales Holz für das Spantengerüst der Schiffe.

Abbildung 16: Bettlaub, gesammelt am Laubertag, Betlis am Walensee, Kanton St. Gallen. Aus: Heinrich Brockmann-Jerosch, Schweizer Volksleben. Band I. Erlenbach-Zürich 1929. Abb. 43. Der Botaniker und studierte Agrarwissenschaftler Brockmann-Jerosch (1879-1939) untersuchte u.a. die natürlichen Wälder der Schweiz. Die Leute waren nicht unter Daunen gebettet. Sie schliefen unter einem jährlich erneuerten Laub des Waldes.

Uralte Eichenwälder, die es noch bis ins 19. Jahrhundert gab, verdankten ihre Existenz der Eichelmast und der Waldweide, die jede Naturverjüngung verhinderten. Sie wurden wegen ihrer pittoresken Erscheinung und magischen Kraft häufig von Künstlern dargestellt. Wir kennen solche Wälder nicht mehr. Nur mühsam gelingt es, an wenigen Orten alte Hutewälder wie im Naturpark Solling-Vogler bei Holzminden durch Weide zu erhalten. Diese liebenswerten Versuche sind folkloristisch. Sie entsprechen weder den Anforderungen einer technisierten Fleischproduktion noch denen des Waldes nach industriell verwertbarem Nutz- oder Brennholz. Wer solche Wälder erhalten will, muss sie aus dem üblichen Wirtschaftskreislauf herausnehmen, der technisierten Forstwirtschaft entziehen und als Freilichtmuseum erhalten. Bis zur Mitte des 19. Jahrhunderts gehörten sie zu dem von Bauern geprägten Landschaftsbild. Spätere Hochwälder werden nie wieder von mehrere hundert Jahre alten Bäumen beherrscht werden. Man kennt die optimalen Umtriebszeiten jeder Baumart und fällt sie, bevor sie ihr Wachstum altersbedingt verlangsamen.

Abbildung 17: Waldlandschaft mit Hirte und Rindern. Thomas Gainsborough (1727-1788), Aquatinta mit Weichgrundradierung 27,9 x 34,9 cm von 1791. Yale Center for British Art. Paul Mellon Collection New Haven Connecticut. Inv. Nr. B1977.14.11607. Solche zersausten Bäume sind in zahlreichen Landschaftsgemälden von Gainsborough zu sehen, wo sie mit dem übersteigerten Chic der Upperclass kontrastieren. Hier hält er die typischen Merkmale eines Hutewaldes fest, der durch die Weide zu einem Park mit uralten Bäumen geworden ist und die Waldgrenze in Bauminseln aufgehen ließ. Die Weide verhinderte jede Naturverjüngung, aber ließ alte Bäume auf natürliche Weise ihr Leben beenden.

Abbildung 18: Hutewald. Hans Wertinger (1465/70-1533), Dorffest im Oktober. Bayerische Landschaft. Gemälde Öl auf Holz 22,5 x 40 cm. Ende 15. bis erstes Drittel 16. Jahrhundert. Eremitage St. Petersburg. Eine von zwölf allegorischen Monatstafeln. Wertinger arbeitete in Landshut und war Hofmaler des Herzogs Ludwig X. von Bayern. Rechts oben ein Hirte mit Kühen, Pferden und Schafen, der vom Dorffest ausgeschlossen scheint. Die typische, eigentlich nicht vorhandene Waldgrenze eines Hutewaldes, der aus der Bergwiese mit breiten Fressschneisen direkt in den Hochwald übergeht.

Abbildung 20: Carl Wilhelm Kolbe (1757-1835), Eichenwald mit Kühen. Radierung 36,8 x 45,7 cm. The Museum of Fine Arts, Houston. Eine Kuh frisst Blätter von der alten Eiche. Auffallend der Bestand junger Eichen: kerzengerade und trotz lichten Bestandes keine Naturverjüngung. Kolbe lebte in Dessau und bekam wegen seiner Eichenstudien den Namen »Eichen-Kolbe«.

Abbildung 21: Winterwald mit Holzfällern. Flämischer Meister 17. Jahrhundert. Öl auf Holz. 32,5 x 48,5 cm. Auktion Van Ham Alte Kunst 15. 11. 2018.

Dieses in der Reproduktion sehr kleine Bild lässt immer noch den in Reih und Glied gepflanzten Hochwald und rechts zwei Kopfbäume erkennen, deren Äste alle fünf Jahre geerntet wurden. Ein alter hohler Baum ist abgebrochen und wird verwertet, der Stumpf eines anderen steht mitten auf der Wegkreuzung.

Abbildung 19 (linke Seite): Waldweide flämisch, 17. Jahrhundert. Öl auf Holz 45,5, x 68,5 cm. Kunstauktion Neumeister 3. Juli 2019. Hier ist ein Bauernhof regelrecht verwachsen mit dem Wald, in dem ein paar Schafe weiden.

Abbildung 22: Alexander Keirincx (1600-1652), Wald mit alter Eiche. Museum Boijmans Van Beuningen. Diese bizarren alten Eichen sind von Menschen schwer malträtiert. Aber sie leben noch, trotz geschälter Rinde der Bäume am rechten Bildrand, trotz zahlreicher abgeschlagener Äste und Hohlräumen im Stamm.

Abbildung 24: Alexander Keirincx (1600-1652). Öl auf Eiche 56,5 x 87,5 cm. 1. Hälfte 17. Jahrhundert. Nationalgalerie Prag. Wieder fällt der wiederholte Rückschnitt der Eichen am Waldrand auf, deren Astkrümmungen beim Schiffbau sehr begehrt waren. Der Flame Keirincx lebte in Amsterdam.

Abbildung 23 (linke Seite): Alexander Keirincx, Landschaft mit Diana und Jägerinnen, ca. 1625. Öl auf Holz 61 x 82 cm. Privatsammlung Frankreich. Abbildung Galerie Sanct Lucas. Bei Dianas Jagd mit Hundemeute ist zu sehen, wie schon junge Eichen am rechten und linken Bildrand ihrer Zweige beraubt sind, der den knorrigen Wuchs der alten mit verursacht hat. Diana trägt einen Bogen, aber keinen Pfeilköcher. Auf der Lichtung jagt ein Knabe mit Hunden einen Hirsch. Der Mann an ihrer Seite müsste ihr als Zwillingsbruder angesehene Apoll sein.

Abbildung 25: Eichelmast im November. Joos de Momper (1564-1635) aus Antwerpen. Zeichnung 1590-1610. Rijksmuseum Amsterdam, RP-T-1890-A-2390. Die Eicheln werden mit Stöcken heruntergeschlagen, zwei Männer stapeln Bretter zu einem hohen Turm. Der Wald ist durch Weide zu einer Wiese mit Bäumen geworden.

Abbildung 26: Hochwald. Gottfried Keller, Aussicht vom Zürichberg auf See und Alpen 1880. Privatbesitz. gottfriedkellerzuerich.ch. Im Vordergrund Eichen, darunter Kiefern. Die gelbe Fläche zwischen Eichen und Kiefern könnte eine landwirtschaftliche Zwischennutzung mit Getreide und einigen Einsprengseln von Mohn nach Kahlschlag sein. Der Schriftsteller Gottfried Keller (1819-1890) wollte ursprünglich Landschaftsmaler werden.

Abbildung 27: Eichelmast im November. Brüder Limburg, Les Très riches heures des Jean Duc de Berry, fol. 11v. 21,5 x 30 cm. 1410-1416. Musée Condé Chantilly. Dieses Blatt stammt von Jean Colombe (um 1430 – um 1493), 60 Jahre nachdem die Brüder Limburg und auch der ursprüngliche Auftraggeber, Jean de Valois, Duc der Berry, verstorben waren. Neben der beherrschenden Eichelmast fallen einige kümmerliche Jungeichen auf, die durch Verbiss keine Chance haben, zu einem richtigen Baum heranzuwachsen. Nur eine zaghafte Verfärbung der Blätter, was Zweifel am Monat November aufkommen lässt.

Abbildung 28: Niederwald. Stadtansicht von Arnsberg in Nordrhein-Westfalen. Aus: Braun & Hogenberg, Civitates Orbis Terrarum. Antwerpen 1588. Band IV, Tafel 22. Direkt neben den Feldern im Vordergrund zwei wie ein Feld angelegte Niederwälder zur Ernte von Brenn- und Stockholz. Friedhof und Kloster Wedinckhusen (Wedinghausen) sind von einem Palisadenzaun umgeben, der aber nicht hoch genug war, um den liederlichen Lebenswandel der meist adligen Insassen zu verbergen.

Abbildung 29: Mittelwald. Schloss Hertenberg am Südrand des Erzgebirges bei Falkenau an der Eger (Sokolov in Tschechien): Aquarell von Johann Venuto 1819. Hier hat Goethe seinen 70. Geburtstag gefeiert. Nach einem Brand 1985 ist das Schloss heute eine Ruine. Die Laubelemente eines auf den Stock gesetzten Mittelwaldes mit einigen Überhältern werden eingerahmt von Fichtenbeständen. Die disziplinierende Hand eines Forstmanns hat den Wald sauber nach seinem Gebrauchswert sortiert.

Abbildung 30: Weinberg Budingen (Büdingen), aus: Georg Braun & Franz Hogenberg, Civitates Orbis Terrarum. Antwerpen 1617. Bd. 6, Tafel 13. Wein an Stangen rankend, von einem Saum aus Bäumen in Felder geteilt, die Bergkuppen nur spärlich bewaldet. Im Vordergrund Eichen auf den Stock gesetzt und unter den Bäumen ein Vorrat an Scheitholz. Am linken Bildrand drei Kreuze wie auf dem Kalvarienberg. Ein Mann mit einer Harke zum Streurechen, der andere mit einer Axt und eine Frau mit Reisig auf dem Kopf.

Abbildung 31: Johann Anton Castell, »Landschaft mit Blick auf Dresden« 1864. Öl auf Leinwand 26 x 37,5 cm. Auktion 16. Mai 2018. Privatbesitz. Der Standort des Malers sind die Borsberghänge mit dem Steilabfall in den Friedrichsgrund, heute ein ca. 100 Hektar großes Naturschutzgebiet. Links das nach einem Brand neoklassizistisch restaurierte Schloss Pillnitz. Der Wald wurde vor allem im Gebiet der Rysselkuppe intensiv für Stöcke des am Südrand der Borsberghänge wachsenden Weines genutzt. Die Wiederaufforstung begann nach 1835 mit Fichten und Kiefern. Was wir hier sehen, sind die im Tal erhalten gebliebenen Laubwälder, einen heideähnlichen Bewuchs auf lange vernachlässigten Freiflächen und einige einsam stehen gelassene kerzengerade Eichen eines abgeholzten Waldstücks, deren Stämme im Morgenlicht wie die von Kiefern rötlich leuchten.

Abbildung 32: Gustave Doré (1832-1883), Holzschnitt aus Dante, Inferno, 13. Gesang. Paris 1861. Hier werden die Selbstmörder zu einem dornigen Dickicht ohne Blätter, die von Bestien abgerissen werden, so dass Blut aus ihnen tropft. »Wir waren Menschen, jetzt sind wir Gestrüppe.« Doré zeigt den Endzustand eines malträtierten Waldes, in dem wolfsähnliche Bestien mit leuchtenden Knopfaugen zwei noch nicht zum Gestrüpp erstarrte Männer hetzen.

Abbildung 33: Anthonie Waterloo (1609-1690), Bewaldete Landschaft mit einem Wanderer auf dem Deich zwischen zwei Bächen. Kohle mit Kreide. 22,9 x 34,3 cm (artnet). Waterloo lebte in Utrecht und hat hier Kopfbäume gezeichnet, die durch häufig wiederkehrenden Schnitt zwei-bis dreijähriger Triebe säulenartig deformiert sind.

Abbildung 34: Otto Dix 1940: Der Lobosch (Lovoš) im böhmischen Mittelgebirge mit dem Dorf Kleintschernosek (Malé Žernoseky), Tschechien. 1940. Öl auf Holz. 68 x 87,5 cm. Van Ham Auktion 30. Mai 2018. Otto Dix hat diese altmeisterliche Darstellung gemalt, nachdem er von den Nationalsozialisten mit einem Ausstellungsverbot belegt worden war. Kopfbäume von Weiden, die heute nur noch als Relikte in der Landschaft stehen, deren Triebe Jahrhunderte lang den Bauern zur Herstellung von Körben dienten.

Abbildung 35: Roelant Savery (1578-1639). Fuchsjagd im Wald. Radierung. 16 x 24,1 cm. Auktion 26. September 2014. Selbst in der hier stark reduzierten Bildgröße sind die für den Waldrand typischen Verstümmelungen der Eichen gut zu erkennen. Der Flame Savery war Hofmaler Kaiser Rudolfs II. in Prag.

Abbildung 36: Kleiner Auschnitt aus dem Frontispiz der Sylvicultura von Hans Carl von Carlowitz Leipzig 1713. Der Titel dieses Klassikers der Forstliteratur liest sich wie eine umfängliche Inhaltsangabe: »Sylvicvltvra Oeconomica, Oder Hauswirthliche Nachricht und Naturmäßige Anweisung Zur Wilden Baum-Zucht Nebst Gründlicher Darstellung, Wie zu förderst durch Göttliches Benedeyen dem allenthalben und insgemein einreißsenden großsen Holtz-Mangel, Vermittelst Säe- Pflantz- und Versetzung vielerhand Bäume zu prospiciren, auch also durch Anflug und Wiederwachs des so wohl guten und schleunig anwachsend, ... Alles zu nothdürfftiger Versorgung des Haus-Bau-Brau-Berg- und Schmeltz-Wesens, und wie eine immerwährende Holtz-Nutzung, Land und Leuten, auch jedem Haus-Wirthe zu unschätzbaren großsen Auffnehmen, pfleglich und füglich zu erziehlen und einzuführen, Worbey zugleich eine gründliche Nachricht von den in Churfl. Sächs. Landen Gefundenen Turff Dessen Natürliche Beschaffenheit, großsen Nutzen, Gebrauch und nützlichen Verkohlung.«

Hans Carl von Carlowitz (1645-1714) war Eigentümer einer Glashütte im Amt Voigstberg im südlichen Sachsen und seit 1711 Oberberghauptmann des Erzgebirges mit Sitz in Freiberg. Schon im Titel hat er alles angegeben, wozu der Wald herhalten musste. Auf seinen Reisen durch Europa musste er erkennen, dass Holz inzwischen zu einem knappen Gut geworden war. Seine Sylvicultura suchte erstmals eine Antwort in einer nachhaltigen Forstwirtschaft. Das sehr kleine Bild ist Bestandteil des Sockels einer tempelähnlichen Architektur des Fronitspizes. Es zeigt eine in Kahlschlag gerodete Fläche, die sich bis zu den Bergen und teilweise die Abhänge hinauf erstreckt. Die Stümpfe sind kniehoch und nicht glatt, die Bäume waren also abgehackt worden. Am Rand des Feldes in der Bildmitte spalten zwei Männer die Baumstümpfe, die der Mann im Vordergrund mit dem Spaten ausgräbt, um Brennholz zu erhalten. Die freie Fläche wird gepflügt und eingesät. Carlowitz beschreibt diese »Zurichtung des Bodens« als Vorbereitung zur Wiederaufforstung. Weitere kleine Bildelemente im Frontispiz zeigen Holzmangel im Bergbau, Besamung freigehauener Flächen durch einen stehengelassenen Baum (Überhälter), einen vorbildlich heranwachsenden kerzengeraden Fichtenwald, der unten geästet worden war, einen geschlossenen Laubwald ohne Naturverjüngung, einen Aschenbrenner, der die hoch abgehauenen Bäume ganz dicht am Wald verbrennt, einen beispielhaft aus Holz gebauten Kohlemeiler und die Kuppeln zur Verkohlung von Torf.

Jäger und Wald

Man könnte ganze Bibliotheken mit Literatur füllen, in der die Konflikte zwischen Jägern und der ohne Erlaubnis jagenden Bevölkerung eine Rolle spielen. Im 19. Jahrhundert wurde der Konflikt durch Liebesgeschichten zwischen Förstertochter und Grafensprössling, zwischen Grafentochter und Förster, zwischen Wilderer und gelangweilter Baronin bis zur Unkenntlichkeit verschnulzt. Denn das Problem war ernst. Das Recht zu jagen hatte sich der Adel reserviert und seine Durchsetzung Jägermeistern übertragen, die auch Jagd auf Jagdfrevler zu machen hatten. Noch ernster war die schikanöse Jagdfron, die die Bauern zu leisten hatten, wenn der Adel seinem Vergnügen frönte. Die folgenden Bilder zeigen die dekadenten Auswüchse dieses Vergnügens und die erbarmungslose Härte, mit der gegen die meist armen Schlucker vorgegangen wurde, die sich beim Wildern erwischen ließen.

Abbildung 37: Lucas Cranach d. J., Hofjagd in Torgau zu Ehren Ferdinand I. 1545. Ölgemälde auf Holz 118 x 177 cm. Museo Nacional del Prado Madrid. Der spätere Kaiser Ferdinand I. war zum Zeitpunkt des Gemäldes noch der letzte gewählte römisch-deutsche König. Torgau mit Schloss Hartenfels liegt an der Elbe in Sachsen. Schloss Hartenfels war damals ein Verwaltungssitz der sächsischen Kurfürsten, der offensichtlich auch eine Prunkjagd mit Hunden und Armbrust zu organisieren hatte. Im Fluss schwimmen ein Dutzend Hirsche um ihr Leben, das zu Füßen der Armbrustschützen beendet sein wird. Rechts im Bild hat Cranach eine Frau mit Armbrust dargestellt und hinter ihr eine Gruppe von Frauen als Zuschauerinnen. In der Bildmitte ein blau gekleideter Mann mit Lanze, der verhindern musste, dass sich die Hunde an dem zu Boden gegangenen Hirsch verköstigen. Auf der Elbe am oberen Bildrand sind zehn Floßhäuser unterwegs. Überall liegen erlegte Hirsche, auf dem Wiesenzipfel links verendet ein Hund, darüber eine Schneise im Wald, die in Herrschaftswäldern ausdrücklich für eine Treibjagd freigehalten wurde. Es ist ein Eichenwald mit einigen Einsprengseln von Kiefern, der sich links durch Überhälter verjüngt hat. Die Anzahl der Tiere mit prächtigen Geweihen lässt darauf schließen, dass sie schon vor der Jagd in Gehegen gesammelt worden waren, um zur sicheren Beute der feinen Herrn und einer Dame zu werden. Bis es so weit war, machte der hohe Wildbestand den Bauern schwer zu schaffen, die keine legalen Mittel hatten, um sich zu wehren. Hier ist der Ursprung der Wilderei zu sehen.

Abbildung 38: Eingestellte Jagd im Jahre 1718 bei Moritzburg, unbekannter Maler, Öl auf Leinwand, 112 x 145 cm, Gemäldegalerie Alte Meister in Dresden, Inv.-Nr. 99/165. Die Hofgesellschaft Augusts des Starken gönnt sich im Wald des Jagdschlosses Moritzburg die Vorführung einer Jagd, bei der sie selbst bis auf einige Schützen nichts zu tun haben. Die fürstliche Jagd war 180 Jahre nach Cranachs Darstellung zu einer dekadenten Theaterveranstaltung verkommen, bei der die hohen Herrschaften aus ihrer Loge heraus Fehlschüsse abgaben, die von Jägermeistern mit Fangschüssen korrigiert werden mussten. Vorher »eingestelltes«, also in einem gesonderten Gatter eingefangenes Rehwild wird ihnen durch ein künstliches Wasserbecken in großer Zahl vor die Tribüne gehetzt, im Rondell sind Treiber positioniert, die Jagdstrecke wird rechts präsentiert, ein Wildschwein versucht sich zu retten, und einige Leute aus dem gehobenen Volk dürfen auch zuschauen. Schloss Moritzburg war ein barocker Prunkbau mit 200 Räumen und einem 230 x 150 m großen Park, mit einer riesigen Jagdtrophäensammlung, darunter der eines vor 10 000 Jahren ausgestorbenen Riesenhirsches, vermutlich von der Krim, als Geschenk Zar Peters des Großen.

Abbildung 39: Der Kampf mit dem Wilderer. Ein Winterbild von A. Franck in München. Die Gartenlaube, Leipzig 1876, S. 169. Da die Strafen für Wilderei vielerorts jedes Maß überschritten – bis hin zu langjährigen Gefängnisstrafen und dem Verlust der Bürgerrechte für das Attentat auf einen Hasen wie in Bayern noch bis 1852 – setzten sich die Wilderer mit allen Mitteln gegen ihre Festnahme zur Wehr, in einzelnen Fällen gab es dabei Tote.

Abbildung 40 a: Wilderer. Kupferstich aus: Ahasver Fritsch (1629-1702), Corpus Iuris Venatorio Forestalis Tripartitum. Leipzig und Jena 1676. Frontispiz. Und zum Vergleich ein deutlich verändertes Frontispiz aus einer späteren vermehrten Auflage: Corpus juris venatorio-forestalis, tripartitum. Leipzig 1702 (Forstliches Strafrecht). Fritsch war Kanzler des kleinen Fürstentums Schwarzburg-Rudolstadt in Thüringen. Bei einer Treibjagd zu Pferd und mit Hunden wird ein Wilderer von einem berittenen Forstmann mit Jagdhorn und seinem Gehilfen mit Hund erwischt. Der Gesichtsausdruck des Forstmanns ist martialisch, der Erwischte bittet um Gnade und demütigt sich durch Kniefall. Sein Blick drückt Hoffnungslosigkeit aus. Auf einem Bach treiben klafterlange Hölzer, die herausgefischt und gestapelt werden. Der Buchtitel befindet sich auf der ausgespannten Decke eines Rehs, von dem zwei Unterschenkel mit Füßen herabhängen.

Abbildung 40 b: Als nach dem Tod des Verfassers eine zweite, ergänzte Auflage durch einen neuen Verleger erfolgte, hat dieser das Frontispiz ersetzt und ihm jegliche Härte genommen. Ein sanfter Reiter erhebt nur den Zeigefinger, der Forstmann mit Hund lächelt ihn freundlich an, und der Wilderer schmilzt demütig, aber lächelnd. Die Rehfüße sind von Blattwerk bedeckt, und der bergige Hintergrund verschwindet hinter Wolken. Beide Bilder decken unterschiedliche Strategien gegen den Wald- und Jagdfrevel ab: unnachgiebig hart oder mahnend.

Abbildung 41 (Seite 80/81): Jagdgrenzkarte 1593 vom Meister Heinrich von Badwang aus Aschaffenburg. Papier auf Leinen 210 x 150 cm. Generallandesarchiv Karlsruhe H Buchen. Orginalmaßstab 200 Schritte = 3 cm. Am linken unteren Bildrand der Maßstab mit Zirkel. Die Karte ist nach Nordosten ausgerichtet. Das zur Kurmainz gehörende Buchen im Odenwald mit umgebenden Dörfern und Markierung der Jagdgrenze durch zahlreiche Grenzsteine, den sogenannten Jagdsteinen, die in der Verkleinerung wie zusammengenähte Risse aussehen. Sie waren ein Stein des Anstoßes und wurden gelegentlich heimlich versetzt. Die zu einer Jagd gehörigen Wälder sind farblich voneinander unterschieden. Ihr Verlauf ist kompliziert, sie gehen manchmal mitten durch die Wälder oder reichlich freihändig mitten durch Felder. Die Jagdgrenze ist nur im rechten Teil mit der Gemarkungsgrenze deckungsgleich, da Jagdgrenzen oft unabhängig von politischen Grenzen verliefen. Rechts der Mitte sind Fangnetze gespannt, auf die Hasen und Rehwild zurennen. Die Höhenunterschiede sind farbig fein abgestuft, Nadel- und Laubholz gut zu unterscheiden. Links die lockeren Ränder eines Hutewaldes. Links oben auf einem Hügel ein Richtplatz mit Galgen und einer Leiche. Ganz rechts oben direkt an der Jagdgrenze eine Rebhuhnjagd mit Bodennetz.

Die Jagdgrenze spielte eine große Rolle bei der Zuordnung der von Bauern zu leistenden jagdlichen Frondienste, wie der Hilfe bei der Treibjagd und dem Abtransport erlegten Wildes und bei der Jagdfolge, das heißt der Verfolgung angeschossenen Wildes auf fremdes Territorium. Adlige Grundherrn nahmen sich dieses Recht heraus, während sie es ihren Untertanen, selbst untertänigen Adligen verweigerten – ein Jahrhunderte langes Ärgernis mit kleinlichen Bestimmungen. »Will der Jäger das Wild einige hundert Schritte über die Grenze verfolgen, um zu sehen, ob es getroffen sey, so ist es diesem zwar erlaubt; er muß aber Gewehr und Hund auf der Grenze zurücklassen, und darf auch das Wild, wenn es bald gestürzt seyn sollte, nicht eher wegnehmen, als bis sich der benachbarte Jagdbeamte an Ort und Stelle davon überzeugt hat, daß das Wild in dem benachbarten Jagdreviere angeschossen worden ist.« 24 Stunden lang darf das Wild verfolgt werden, aber der verfolgende Jäger muss seinen Hund an der Leine halten »und darf nur hetzen, wenn das kranke Wild vor dem Hund aufsteht und flüchtig wird. Ohne Erlaubnis darf er den Hund nicht verloren suchen lassen«. Die Jagdfolge galt nicht für Hasen und Füchse. Die komplizierte Regel führte meist dazu, dass keiner der beiden Jagdberechtigten in den Besitz des Wildes gelangte und es verloren war.[87]

Gerber und Lohe

Lohe aus der Rinde von Eichen und Fichten lieferte Jahrhunderte lang ausschließlich die Gerbstoffe für die Lederproduktion. Ganze Wälder wurden für die Gewinnung von Lohe bereitgestellt.

Abbildung 42: Lohschäler, Eichen: Carl Friedrich Lessing (1808-1880), Romantische Landschaft mit Klosteranlage 1834. Öl auf Leinwand 49,5 x 66,5 cm. Dorotheum. Hier sieht man fast rindenfreie Eichen mit morschen oder abgebrochenen Ästen, so dass man sich über ihr Weiterleben wundert, dahinter junge Eichenstockausschläge in einem gerodeten Waldstück. Das Bild zeigt die beiden Arten, Eichenlohe zu gewinnen: durch Schälen von alten Bäumen, bevor diese für Bau- oder Brennholz gefällt wurden, und durch Ernten der Stöcke nach zehn bis zwanzig Jahren, nachdem sie abgeschält worden waren. Diese zweite Betriebsform eines Niederwaldes war als Haubergswirtschaft vor allem im Siegerland gebräuchlich. Sie war bäuerlich und genossenschaftlich organisiert und diente neben der Gewinnung von Lohe auch der Produktion von Holzkohle für die Eisenhütten und erlaubte nach der Holzernte eine ein- bis zweijährige Zwischennutzung zum Anbau von Roggen und Buchweizen als Viehfutter, als Bienenweide und als sommerlicher Bodendecker gegen Austrocknung. Auch Brot wurde mit Buchweizen gebacken. Die Haubergswirtschaft steht für eine fast symbiotische Beziehung zwischen Landwirtschaft und Wald.

Abbildung 43: Carl August Richter (1770-1848), Lochmühle im Liebethaler Grund an der Wesenitz im Elbsandsteingebirge. Umrissradierung 8,5 x 12 cm. Aus »Andenken an die sächsische Schweiz«. Dresden und Leipzig 1830. Eine Lochmühle liegt im Wald oder in seiner Nähe, damit die sperrigen Rinden nicht weit transportiert werden mussten. Diese hier war eine nach einem Brand 1828 neu errichtete Mahlmühle mit vier Mahlgängen. Die Fichten am rechten Bildrand sind teilweise entrindet. Die Eichen- oder Fichtenrinden wurden zwischen Mühlsteinen zerrieben und nicht, wie bei der restaurierten Lohmühle von Goslar, in einem Hammerwerk zerstampft. Die fein gemahlenen Rinden mit ihren Gerbstoffen wurden von den Gerbern in Wasser ausgelaugt, und die von Haaren und Fleischresten gereinigten Häute bis zu zwölf Monate in diesem Sud gegerbt.

Abbildung 44: Gerbermühle Frankfurt. Federzeichnung von Sulpiz Boisserée nicht vor 1816 in das Stammbuch von Marianne von Willemer (1810-1853). Lose Blattsammlung im Karton 53r. 24,1 x 14,9 cm. Privatbesitz. Wikimedia commons. Im Hintergrund sind die Burgruinen von Falkenstein und Königstein angedeutet. Bei der Lautenspielerin handelt es um Marianne von Willemer als Suleika (aus Goethes West-östlicher Divan). Die beiden Herren sollen Goethe und Boisserée darstellen. 1785 hatte der Frankfurter Bankier Johann Jakob von Willemer das Mühlenanwesen als Sommersitz gepachtet und umgebaut. Davor wurde sie lange als Gerbermühle, dann als Getreidemühle genutzt, deren Funktionsweise als Mahlmühle hier noch gut zu sehen ist. Diese konnte durch Anheben des oberen Steins, des sogenannten Läufersteins, den Spalt an das Mahlgut anpassen, so dass nicht einmal umgerüstet werden musste, wenn statt der groben Rinden Getreidekörner gemahlen werden sollten.

Glashütten im Wald

Zu den Gewerken mit dem höchsten Holzverbrauch zählten die Waldglashütten nördlich der Alpen. Für Pottasche, die als Flussmittel bei der Schmelze eingesetzt wurde, fielen ihnen riesige Mengen von Eichen, Buchen und Fichten zum Opfer, weiteres Holz verbrauchte der Betrieb der Schmelzöfen. Im Jahr wurden so pro Glashütte zwei- bis dreitausend Festmeter Holz verbraucht.

Abbildung 45: »Reichenau Sambt der Vornehmbsten Glaashütten«. Kupferstich aus Caspar Merian, Martin Zeiler, Hyazinth Marian Fidler, Topographie Windhagiana aucta …Wien 1673, S. 164. Die Glashütten rund um Reichenau entstanden tief in den Wäldern des niederösterreichisch-böhmischen Grenzgebietes. Hier waren die notwendigen Rohstoffe vorhanden: Holz für die Feuerung der Glasöfen und für Pottasche und Quarzvorkommen für die Glasschmelze. Die eigentliche Glashütte im Bild rechts mit rauchendem Schornstein. Die Gebäude am linken unteren Rand haben alle mit der Herstellung von Glas zu tun: Glasmaler, Glaser, Sandbuchen (ein Pochwerk für Sand und Quarz). Der Zinngießer nutzte den Schmelzofen gemeinsam ▶

Abbildung 46: Glashütte Reichenau Karte Ausschnitt. Kaspar Merian, Topographia Windhagiana .... Frankfurt am Main 1656, S. 160. Dieser Blick aus der Vogelperspektive zeigt, wie die Buchenwälder mit kreisrunden Femelschlägen gerodet wurden. Es entsteht das Bild von Bombentrichtern, die in der Nähe der Glashütte besonders zahlreich sind. Die Karte wurde von Merian eine Generation vor der aus Holzmangel erfolgten Verlegung der Glashütte Reichenau nach Karlstift radiert. Eine Glashütte benötigte für die Schmelzöfen und für die Pottasche als Flussmittel riesige Mengen Holz. Beim Schmelzvorgang mussten 1200° C zwölf Stunden lang aufrecht erhalten werden. Für 1 kg Glas brauchte man einen Raummeter Holz. Eine Glashütte verfeuerte so jedes Jahr 20 bis 30 Hektar Wald, davon rund 80 Prozent für die Herstellung von Pottasche aus dem stehenden Verbrennen ganzer Bäume, mitunter sogar ganzer Wälder.

mit den Glasproduzenten. War der Wald rund um die Glashütte verbraucht, wurde sie verlegt, so auch Reichenau. 1686 verlegte sie der neue Besitzer der Herrschaft Großpertholz, Karl von Hackelberg, 2 km westlich nach dem von ihm so genannten Karlstift, wo sie 1752 abbrannte. Danach verlegte sie dessen Sohn noch einmal 3 km nach Westen und benannte den Ort nach seinem Sohn Ehrenreichsthal.[88]

Die große Kufe A. Der Zapfen B. Die Wanne C. Tiefer Schöpflöffel D.
Kleinere Kufen E. Die Pfanne F.

Abbildung 47 (linke Seite): Pottasche. Georg Agricola, Vom Bergkwerck XII Bücher. Basel 1557. »Das zwölfft büch«. S. 477. Die Landschaft ist fast ohne Bäume, die wenigen, die zu sehen sind, malträtiert. Links oben wird Holz zu Asche verbrannt, diese in den Bottichen in Wasser gelöst und dieser Sud rechts zur Lauge eingekocht. Sie wird dann weiter in einer Kaskade von Fässern bis zur Auskristallisation von Kaliumkarbonat konzentriert. Geschätzter Holzverbrauch: 1000 kg trockenes Buchenholz geben 15 kg Asche und diese 2,5 kg Pottasche.[89]

Ziegelbrenner

Ursprünglich war die Ziegelbrennerei eine bäuerliche Nebenbeschäftigung, bei der in kleinen Öfen für den Eigenbedarf oder den einer Gemeinde relativ minderwertige Ziegel produziert wurden, die leicht zerbrachen. An einigen Orten wurde wegen des immensen Bedarfs schon im 18. Jahrhundert das Brennen mit Holz verboten und der Einsatz von Torf oder Kohle verlangt, oder, wie in Breitscheid bei Dillenburg 1750, die Dachziegelbrennerei wegen Holzmangels geschlossen. Angaben über den Holzverbrauch beim Ziegelbrennen sind kaum vorhanden. Einen Eindruck vermittelt eine von einem Kameralisten angegebene Zahl aus Preußen. Danach rechnete er für 300 000 Mauerziegel oder 100 000 Dachziegel einen Verbrauch von 350 bis 400 Klafter Kienspan aus Kiefer oder Fichte, umgerechnet 1170 bis 1300 Raummeter dieses besonders harzreichen Holzes. Dicht an dicht am Wegesrand gestapelt entspricht das also einer ein Meter hohen Holzmauer von deutlich mehr als einem Kilometer Länge.[90] Die kleinen Feldbrandöfen der Bauern lieferten pro Brand um die 40 000 Ziegelsteine, und sie benutzten nicht das harzreiche Kienholz, sondern die Bauern nahmen alles, was sie kriegen konnten: Reisig, halbvermoderte Äste, Stockholz aus ihren Niederwäldern. Das erhöhte den Holzverbrauch, auch weil ihre Öfen für einen ökonomischen Betrieb viel zu klein waren. Das Heimatmuseum Wiesenbach bei Neckargemünd ermittelte für den Ofen der alten Ziegelei in einem einzigen Brennzyklus den Verbrauch von ca. 6 000 kg Scheitholz und mehr als 1400 kg Reisig – für nur 5 700 Mauerziegel. Der Brennwert von Steinkohle ist ungefähr doppelt so hoch wie der von Holz oder Torf. Sie wurde am Niederrhein und in den Niederlanden benutzt. »Auf 100 000 Ziegel hiesiger Gegend werde, je nachdem die Kohlen gut sind, 18 bis 20 einspännige Fuhren Kohlen und Gries durcheinander, jede zu 18 Scheffeln gerechnet, worunter 6 000 Pfund harte Kohlen sich befinden.«[91]

Abbildung 48: Ziegelei, Feldbrand. Franz Tonnellier (1816-1881), Fränkische Landschaft mit Kirchdorf 1847. Öl auf Leinwand 50 x 65 cm. Wikimedia commons. Ein Tonstollen, ein Feldbrandofen links am Bildrand, ein weiterer oben unterhalb des Dorfes als trapezförmiges kleines Gebilde mit einer Rauchfahne. Die zum Brennen geformten Ziegelrohlinge sind zum Trocknen mit gelben Strohmatten abgedeckt. Aus ihnen wird nach der Lufttrocknung dieser leicht nach oben zulaufende Schachtofen aufgebaut, auf dessen Basis Holz, Kohle oder Torf verbrennt. Hier ist es anscheinend Torf, denn nirgendwo ist ein Holz- oder Kohlevorrat zu sehen. Nach dem Bau, der mindestens 40 000 Ziegel enthält, wird die Pyramide abgedeckt und mit Lehm abgedichtet. Durch enge Schürgassen an der Ofensohle wird die Glut während der von der Ofengröße abhängigen zwei- bis sechswöchigen Brennphase vom Ziegler mit allmählich steigender Wärmeentwicklung über die Schürlöcher gesteuert. Eine per Hand geschobene Feldbahn transportiert aus dem Grabungstunnel den Lehm, der mit Schubkarren nach oben gebracht wird. Neben dem Gleis lagert langes Rundholz für den Ausbau des Tonstollens. Hier sind Lehmförderung und Ziegelbrennen schon in großem Stil maufakturmäßig organisiert. Vielleicht handelt es sich um das Pfarrdorf Hutschdorf bei Thurnau westlich von Bayreuth, ein Zentrum für Töpferwaren. Der Tonstollen war bis 1974 in Betrieb und erreichte eine Länge von 100 m.

Salinen

Die hier vorgestellten Salinen aus Tirol und dem Salzkammergut arbeiteten nach dem Sinkwerkverfahren, bei dem Süßwasser in Salzstollen eingeleitet, das Salz ausgewaschen und die entstandene Sole in riesigen Sudpfannen bis zur Auskristallisation verdampft wurde. Die Salinen von Schwäbisch Hall und Lons-le-Saunier konzentrierten salzhaltige Quellen. Auf den Bildern ist ein mauer- bis turmhoher Wall von Holzvorrat zu sehen, der aus den Bergen mit Flößen herabgetriftet worden war.

Abbildung 49: Sudhaus Hallstatt. »Äußere theil der Salzpfannen« in Hallstatt. Matthäus Merian, Topographia provinciarum austriacarum Austriae, Styriae, Carinthiae, Carniolae, Tyrolae.. Frankfurt 1649, S. 18. Am Höhepunkt der Salzproduktion in Hallstatt 1583 wurden 88 000 Raummeter Holz im Jahr verfeuert.[92]

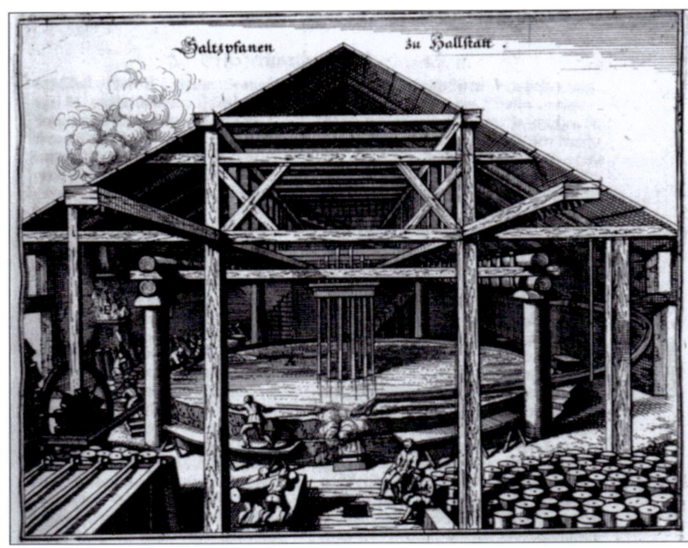

Abbildung 50: »Saltzpfannen zu Halstatt«. Matthäus Merian, a. a. O.

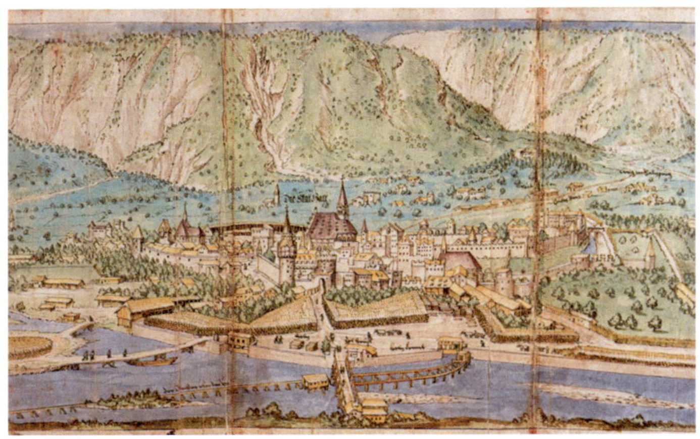

Abbildung 51: Saline. Ansicht von Hall in Tirol von Süden im Schwazer Bergbuch von 1556 (Ausschnitt) mit den seit ca. 1300 bestehenden Triftrechen, die das getriftete Holz auffingen, und mit den ausgedehnten Holzlagerplätzen.[93]

Abbildung 52: Salinen im Salzkammergut. Aus dem Waldbuch über alle Wälder, die zu dem Gmundnerischen Salzwesen gehören. Salzoberamtsarchiv Gmunden, Film Nr. 100. Handschriften. Das Waldbuch wurde zur Zeit von Kaiser Ferdinand II. (1578-1637) zwischen 1630 und 1634 verfasst. Sein Porträt ziert die Medaille in der Mitte. Die Sole kam seit 1607 in einer 34 km langen Leitung vom Hallstätter Salzberg über Ischl nach Ebensee am Traunsee, weil in Hallstatt der Holzvorrat zur Neige gegangen war. Die Leitung benötigte 13 000 viereinhalb Meter lange Rundröhren aus Holz. Oben links Hallstatt mit der Soleleitung vom Salzberg, oben rechts Gosaumühle bei Hallstatt auf dem Schwemmkegel im See mit den vom Berg führenden Holzriesen, und die Ortschaft Steeg am rechten Bildrand. Auf beiden Seiten der Riesen, der Transporteinrichtung für Holz, Kahlschlag (Waldwesen), unten links die Ortschaft Langbath-Ebensee (Pfannhauswesen – Sieden der Sole), unten rechts Gmunden am Nordufer des Traunsees (Salzverschleiß zu Wasser und Land – Salztransport, Salzhandel).[94]

Abbildung 53: Saline Schwäbisch Hall. Aus: Der Hällische Saltz- ünd Lebens-Bronn. Kupferstich von Joseph a Montalegre in Johann Balthasar Beyschlag, Geistliche Brunn-Quell. Hall 1715. Ein gigantischer Holzvorrat, gestapelt in Holzschränken und unter den Dächern. Das Holz wurde aus den Ellwanger Bergen und dem Mainhardter Wald die Kocher hinab getriftet. Die Sole sprudelte hier aus salzhaltigen Quellen (Der Saltz-Quell). In einer Stadtansicht Hogenbergs von 1580 sind die umliegenden Berge weitgehend entwaldet, am Ufer der Kocher stapelt sich das in Einzelstämmen getriftete Holz. Beyschlag war Archidiakon der Kirche St. Michael. Sein Gebetbuch enthält zwei Kupferstiche, der Kirche und der Saline.

Flößerei und Rodungen

Mit Flößen wurden große Holzmengen aus den Bergen bis zum Meer befördert. Über weite Strecken waren sie das einzig denkbare Transportmittel, bis die Eisenbahn die Flößerei nach und nach zum Erliegen brachte. Im 19. Jahrhundert erreichten München auf der Isar pro Jahr rund 8 000 Flöße.

Abbildung 55: Holztrift und Kahlschlag. »Von dem Holtzwerch«. Schwazer Bergbuch 1556, Entwurfsexemplar. montan.dok beim Deutschen Bergbaumuseum Bochum. Bibliothek 3313. Schwaz am Inn in Tirol war im 15. und 16. Jahrhundert das Zentrum des europäischen Silber- und Kupferbergbaus mit unersättlichem Holzbedarf, den sich der Erzherzog der österreichischen Erblande und spätere Kaiser Ferdinand I. (1503-1563) mit einer Waldordnung 1541 aneignete. Holz durfte nur noch für den Privatgebrauch entnommen, der große Rest musste Salinen und Bergwerken zur Verfügung gestellt werden. Es war landesfürstlicher Raub, der, wenn überhaupt, nach Gutdünken oder Gnade bezahlt wurde. Zwar verbot die Waldordnung die Brandrodung der Bauern, erhob aber den Kahlschlag zur Methode der Wahl. Den sehen wir hier.[95]

Abbildung 54 (linke Seite): Saline von Lons-le-Saunier in der Comté, Frankreich. Zeichnung von Jean-Baptiste Lallemand (1716-1803), gallica bnf.fr. A 33430. Lallemand zeigt den Ofen der Sudpfannen als holzfressendes Ungetüm. Obwohl die Konzentration des Salzes der Quellen durch ein gigantisches Gradierwerk von 2% auf 16 % erhöht worden war, rechnet Diderots Encyclopédie vor, mussten statt 98 Pfund Sole ohne Gradierung immer noch 84 Pfund bis zur Kristallisation des Salzes verdampft werden. Das entsprach einer Einsparung eines Siebtels des benötigten Holzes. Holz war der Kostenfaktor, der eine Saline schnell unrentabel machen konnte.[96]

Abbildung 56: Die Klause am Forchensee beim Seehaus. Gemälde im Rathaus von Traunstein. Maler unbekannt. Öl auf Leinwand 167 x 72 cm. Mit freundlicher Genehmigung des Heimathauses und des Stadtarchivs Traunstein. Das Bild gehört wahrscheinlich zum Traunsteiner Salinenbilderzyklus (1781-1783), dessen neun Orginale im Bayerischen Nationalmuseum aufbewahrt werden. »Die Arbeiter brachten die gefällten, gestückelten und gespaltenen Baumstämme auf dem Wasserweg aus den Tälern in den Bergen hinaus ins flache Land: Die Scheiter schwammen, sie »drifteten« auf der Traun nach Traunstein. Diese »Trift« funktionierte so: An einem Wehr, einer »Klause«, schloss man die Tore und staute Wasser auf. Zur Eröffnung der Trift öffnete man die Tore der Klause. Ein Schwall brach sich Bahn und riss die Scheiter mit sich, die dann talauswärts dem Gefälle folgend auf dem Wasser trieben. Eine Trift begann immer wieder auch an der Klause am Forchensee (links) beim Seehaus (Mitte), gelegen zwischen Reit im Winkl und Ruhpolding. Mit Pferdefuhrwerken kamen die Scheiter zur Klause, über Riesen, also Rutschen, glitten sie in die Traun, ehe sie von dannen schwammen. Triftknechte (rechts), die am Ufer standen, lösten Holzstücke, die an der Seite hängengeblieben waren, und stießen sie mit langen Trifthaken zurück ins fließende Gewässer. Drei hohe Beamte der Saline beobachteten die Trift: der Salzmaier (Mitte), der Waldmeister (links) und der Triftmeister.«[97]

Abbildung 57: Carl Roux (1826-1894), »Das Flößen des Holzes im Schwarzwalde«. Gartenlaube. Leipzig 1868, Nr. 49, S. 781. Ein aus mehreren Flößen zusammengebundenes Langfloß, mit dem die Fahrt Rhein abwärts bis in die Niederlande fortgesetzt werden konnte.

Abbildung 58: Johann Schmidt, Färbermeister aus Hohentengen, Flößerei Wolfach im Kinzigtal / Schwarzwald 1836. Temperabild. Städtisches Museum Wolfach. Die Wolfacher besaßen seit 1500 das Privileg für ausländischen Holzhandel, der zwei Jahrhunderte lang Straßburg versorgte, im 18. Jahrhundert dann die Niederlande und England für deren Kriegs- und Handelsflotten. An den Stauwehren und in den Floßhäfen wurden die kleinen Waldflöße der Bauern für den Weitertransport in den Rhein zu sehr langen Flößen zusammengebunden. Diese Langflöße beherrschen den ganzen unteren Bildrand.

Abbildung 60: Der Schwarzenbergsche Schwemmkanal im Plöckensteingebiet, heute im Dreiländereck Deutschland, Tschechien und Österreich. Postkarte 1921. Wikimedia commons. Ende des 18. Jahrhunderts begonnen, führte er als Hangkanal mit zuletzt 87 Brücken und einigen Tunneln entlang dem Böhmerwald unter Umgehung der Wasserscheide zwischen Moldau und Donau bei Hasslach in den linken Nebenfluss der Donau, die große Mühl, mit eine Gesamtlänge von 80 km. Er diente der Versorgung von Wien vor allem mit Brennholz. In rund 100 Jahren wurden acht Millionen Raummeter Holz geschwemmt.

Abbildung 59 (linke Seite): Wilde See Schönmüntz 1858. Lithografie von F. F Wagner nach einer Zeichnung von H. Bach. In: Karl Eduard Paulus, Beschreibung des Oberamts Freudenstadt. Stuttgart 1858, S. 189. So sah es im Hochschwarzwald aus, nachdem er weitgehend abgeholzt worden war. Der See wurde aufgestaut, bis er mit Holz gefüllt war, und dann in einem großen Schwall abgelassen, um das Holz in der Schönmünz und der Murg abwärts in den Rhein nördlich von Baden-Baden zu triften. Heute ist die Umgebung des Sees im Naturschutzgebiet Wilder See-Hornisgrinde Bannwald und wieder dicht bewaldet.

Schiffbau

In der zweiten Hälfte des 19. Jahrhunderts wurden die Schiffskonstruktionen aus Holz nach und nach durch solche aus Eisen und Stahl ersetzt. Bis dahin waren auch die ersten Dampfschiffe nichts anderes als Segelschiffe mit Hilfsmotor. Auf den Weltmeeren schwammen ganze Wälder aus Skandinavien, den Alpen, dem Schwarzwald, vom Balkan und aus anderen Bergregionen. Überall waren Einkäufer der Arsenale unterwegs, die nach speziellen Baumformen der Eiche Ausschau hielten, die vor allem beim Bau des Spantengerüsts zum Einsatz kommen konnten. Eichenwälder sahen in den für die Trift geeigneten Gegenden wie lebendige Lagerplätze für die Werften aus. Die enge Verzahnung von Forstwirtschaft und Schiffbau dokumentieren die folgenden Bilder.

Abbildung 61: Schiffbau und Baumformen 1777. Tafel zur Unterrichtung an der ersten Schule für Schiffbau und Forstwissenschaft Venedigs.[98] Es war der Versuch, mit einem integrierten Konzept von Schiffbau und Forstwissenschaft die Behandlung der Wälder so zu gestalten, dass die für den Schiffbau benötigten Hölzer schon während ihres Wachstums entsprechend »erzogen« wurden. Die Schüler des Kollegs sollten sich diese Formen so einprägen, dass sie ihre Verwendungsmöglichkeiten für den Schiffbau im Wald sofort erkennen: 1. Zeile von links nach rechts: Lona (Segel), Corbotto Aperto (offener Korb), Mustazzo (Schnurrbart, Sprietsegelstange), Forcame (Gabel, Wante zum Spannen der Seile), Brazzo di Reggia (Holz für Topsegel). 2. Zeile: Corbotto (Korb), Brazzo (Laufplanke), Calcagnol (Ferse, Stabilisierungsholz zwischen Kiel und Basis), Brazzo di Reggia, Menal (Seil). 3. Zeile: Brazziol (Winkelholz), Leggia (Buckel), Brazziol, Forcada (Heugabel, Maststütze), Menal. Für die Konstruktion einer üblichen Galeere von 40 m Länge brauchte man rund 500 Raummeter Eiche, 50 Raummeter Nadelholz und an die hundert Buchenstämme.[99]

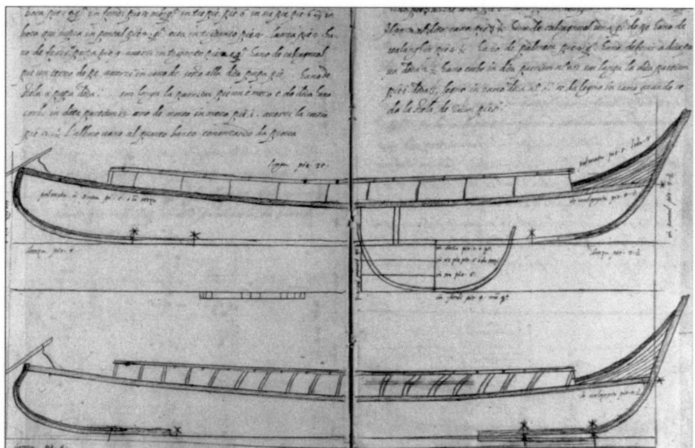

Abbildung 62: Giacomo Contarini (1536-1595), Arte de far Vasselli, ca. 1590, S. 20. Manuskript Archivo di stato di Venezia. Die Kunst, Schiffe zu bauen. Der einem alten Patriziergeschlecht Venedigs angehörende Contarini war verantwortlich für das Marinearsenal. Wenn man diese Zeichnung eines Schiffsskeletts mit den zu erziehenden Bäumen vergleicht, ergeben sich viele Übereinstimmungen mit der Form der Äste.

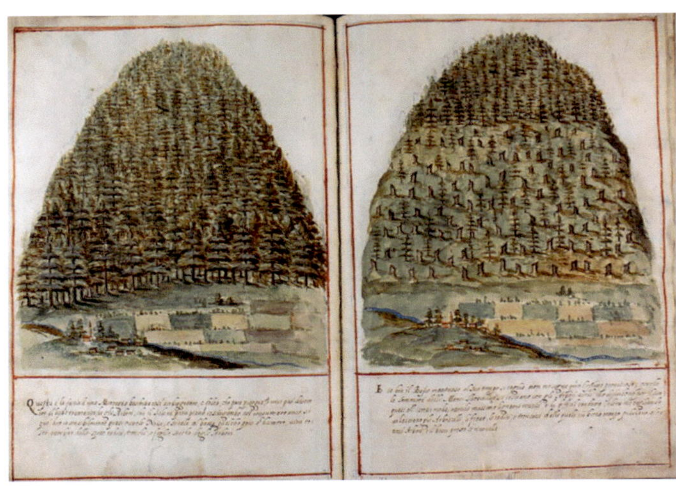

Abbildung 63: Entwaldung Venetien. Iseppo Paulini und Tomaso Paulini 1608. Teil eines Manuskripts von 40 Seiten mit einigen Aquarellen, das die Gebrüder Paulini, Waldbesitzer in den Bergen von Belluno, der Serenissima in Venedig vorlegten.[100] Es ging um die Rettung der Lagune, die durch den Eintrag der Piave zunehmend verschlammte. Die Paulinis sahen schon Anfang des 17. Jahrhunderts die Ursache in den Wäldern, die durch Brandrodung für Ackerland und Waldbrände die Erde nicht mehr halten konnten. Sie verdeutlichten die Zusammenhänge auch in einer sehr freihändig gezeichneten Karte, in der die Effekte des Transports von Steinen und Sand und die Verwüstung der Felder drastisch hervorgehoben sind. Sie forderten Wachtürme, um Feuer schneller erkennen zu können, und schwere Strafen gegen Brandstifter.[101] In der Bildunterschrift heißt es: »Dieses ist das Aussehen eines bewaldeten Berges so grün und dicht, dass kaum Regen oder Schnee nach unten dringen kann, von Bäumen aufgehalten, den die Sonne nur sanft erhellt, der auch noch, wenn ich es sagen darf, unmerklich quasi den ganzen Schnee aufnimmt und nach unten nur ein bisschen Humus abgibt«.[102] Wenn man die Bäume so fällt, dass der Gipfel des Berges bedeckt bleibt und einige Bäume zur Besamung stehen lässt, wie rechts zu sehen, statt Kahlschlag zu betreiben, wachsen sie wieder nach.

Abbildung 64: Ludolf Backhuijzen (1631-1708), Die Schiffswerft der Admiralität in Amsterdam zwischen 1655 und 1660. Zeichnung auf Holz 38 x 69 cm. Rijksmuseum Amsterdam. Georg Forster beschreibt in seinen Ansichten vom Niederrhein die Anlage der Schiffswerft im Frühsommer 1790 mit glühender Bewunderung, die die Holzmengen erahnen lässt, die von dieser Stadt verschlungen wurden: Das Arsenal, »ein Quadrat von mehr als 200 Fuß (61 m²), auf 18 000 Pfählen ruhend«, und »ein Wald von vielen tausend Mastbäumen der Kauffahrer«.

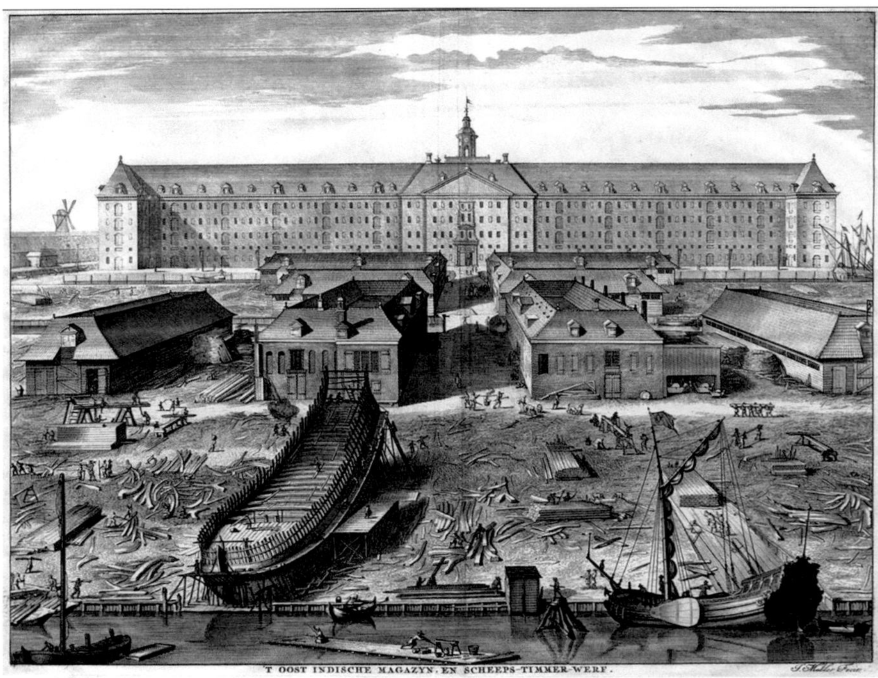

Abbildung 65: Joseph Mulder (1658-1728), Warenhäuser und Werft der Niederländischen Ostindien-Kompanie (VOC) in Oostenburg/Amsterdam. Kupferstich aus Isaac Commelin, Beschryvinge van Amsterdam 1693, S. 736. Rechts und links des Schiffes im Bau sind fein säuberlich die im Wald besonders gesuchten Astformen ausgebreitet, die auch in der venezianischen Aufstellung zu sehen sind. Sie werden zu speziellen Elementen zusammengestellt. Hier endeten die Tannen aus den Bergen des Schwarzwaldes und den Wäldern Skandinaviens in den Planken der Schiffe. Im Laufe ihrer zweihundertjährigen Geschichte hatte die VOC 4700 hochseegängige Schiffe im Einsatz.

Abbildung 66: Friedrich Preller der Ältere (1804-1878), Odysseus und Nausicaa. Öl auf Holz. 22,5 x 36 cm, ca. 1864. Auktionshaus Kiefer 26. Juni 2015. Die Eichen sind für Gerberlohe ihrer Rinden beraubt, die unteren Äste abgesägt. Ihre Stämme bilden einen Bogen. Auf solche Formen für das Spantengerüst legte der Schiffbau großen Wert. Odysseus wurde als Schiffbrüchiger auf den Phaiaken (Korfu) von Nausicaa gefunden. Auch sie konnte ihn nicht aufhalten. Die Phaiaken galten als gute Schiffbauer. Mit einem ihrer Schiffe wurde er nach Ithaka zurückgebracht. »Denn nicht Steuerleute haben phäakische Schiffe und nicht Steuerruder, wie andere Schiffe sie haben, sondern sie wissen von selbst die Gedankengänge der Männer und sie kennen die Städte und üppigen Felder von allen Menschen, und sie durchbohren geschwind die Schlünde des Meeres«.[103] Die Phäaken bauten Segelschiffe.

Der Köhler im Wald

Jahrhunderte lang waren die Köhler die einzigen effektiven Energielieferanten für die Hüttenwerke. Für die Waldbesitzer war die Köhlerei ein einträgliches Geschäft, für den Wald ihre Methode des Kahlschlags ein Desaster.

Abbildung 67: Köhlerei. Heinrich Gross, Das Lebertaler Bergbuch. Tuschezeichnung und Aquarell 31,8 cm x 42 cm. Bibliothèque de l'Ecole National supérieure des Beaux-Arts Paris. Aus: La Croix-aux-Mines. Les charbonniers, Revue Lorraine Illustrée, 1909. Das Lebertal liegt bei Markirch in den Vogesen, heute Sainte-Marie-aux-Mines.

»Im Juni des Jahres 1529 besuchten Herzog Anton der II. von Lothringen und sein Gefolge die Gruben in Sainte-Croix-aux-Mines, wo sich die wichtigsten Silber-Blei-Lagerstätten des Herzogtum befinden. Georges Ainvaux, Verwalter der herzoglichen Bergwerke, ließ vom Maler Heinrich Gross aus Saint-Dié Zeichnungen über die Arbeiten in der Grube Saint Nicolas zu seiner Begrüßung anfertigen. In diesen 25 Zeichnungen werden sehr detailliert viele Aspekte des Bergbaubetriebs des frühen 16. Jahrhunderts dargestellt.«[104]

Die Produktion von Holzkohle war eng mit den Hüttenwerken verwoben, die vor dem Gebrauch der Steinkohle alleine die notwendige Schmelztemperatur erzeugen konnte. Die Köhler arbeiteten noch ausschließlich mit Äxten, was die Höhe der ►

Abbildung 68: Transport der Holzkohle zur Schmiede und ihre Lagerung in Körben (Lamenage du charbon pour les forges et le linauge dicellup). Gross, a. a. O.

Baumstümpfe erklärt. Und sie betrieben Kahlschlag, ohne auch nur einen einzigen Baum für die Naturverjüngung übrig zu lassen. Sehr schön zu sehen der kunstvolle Aufbau des Meilers, der oben abgedeckt und angezündet ist.

Abbildung 69: Köhlerei (»Kolstat«) Schwazer Bergbuch 1556. Kolorierte Zeichnung: Ausgang des Zillertals westlich der Burg Kropfsberg am Inn. Tiroler Landesmuseum Ferdinandeum FB 4312.[105] Zu sehen ist die steile Nordwestflanke des Bergbaugebietes am Reither Kogel bei Brixlegg mit einem Stollen unterhalb des Gipfels und einem Bergmann, der sich abseilt. Der ganze Berg hinter der Burg ist von Stollen des Silberbergbaus durchsiebt, die von großen Zechenhäusern flankiert werden. Das Erz enthielt auch Blei, das für die Reindarstellung des Silbers gebraucht wurde. An der Einmündung des Zillertals schwelen große Kohlenmeiler. Sie lieferten Holzkohle für die Seigerhütten in Brixlegg / Rattenberg innabwärts, die die Metallbestandteile der Erzschmelze trennten.[106] Der Schlitterberg im Zillertal am rechten Bildrand ist fast vollständig entwaldet, und unterhalb der Brücke sind Flößer zu sehen.

Abbildung 70: Vom Kohlen-Brennen. Kupferstich aus: Francisci Philippi Florini … Oeconomvs Prvdens Et Legalis. Oder Allgemeiner Klug- und Rechts-verständiger Haus-Vatter. Neun Bücher. Nürnberg, Franckfurt, Leipzig 1705. Viertes Buch, S. 826. Florinus war Pfarrer in Edelsfeld in der Oberpfalz. »Das Kohlbrennen ist eine von den einthräglichsten Hanthierungen, die man in den Wäldern treiben kann«. Mit insgesamt 58 Klaftern Holz für einen Meiler kann man über 100 Gulden »hinausbringen«. Aber man muss höllisch aufpassen, dass kein Unfug getrieben wird. Wenn die Kohlebrenner nachlässig sind »und von den brennenden Hauffen weglauffen, oder bey Nachts gut verträulich etliche Stunden schnarchen und schlaffen, der Plunder übereinander sich entzünde und in denen nah-gelegenen Höltzern einen bedencklichen Schaden erwecke. Etliche gehen auch sonsten mit dem Feuer nachlässig um, tragen es in die Wälder, schüren es an die Bäume und lassens in dürren Sommer-Tagen an anderes Gereisicht lauffen«. Man muss aufpassen, dass sie nur die erlaubten Hölzer verwenden. »Wo von einem gewissen Oberherrn eine fleißige Aufsicht auf das gantze Wesen gehalten wird, da läßt man die Bauern nicht für sich Herren seyn, wie es leider! mit großem Schaden der Höltzer, da, wo die Herrschafften krauß und bund untereinander vermischet sind, zu geschehen pfleget.« Florinus kennt die schwierigen Besitzverhältnisse eines kleinteiligen Feudalismus, der auch den Bauern zu schaffen machte. Das Bild zeigt die ganze Palette, auf die ein guter Hausvater im Wald zu achten hat, wie die geordneten Holzstapel am Wegesrand, die verhindern sollten, dass im Wald herumgefahren und unerlaubterweise Holz zusammengerafft wird. Schnelles Entasten großer gefällter Bäume, damit Naturverjüngung nicht erstickt. Die richtige Lagerung, damit Holz nicht vermodert.

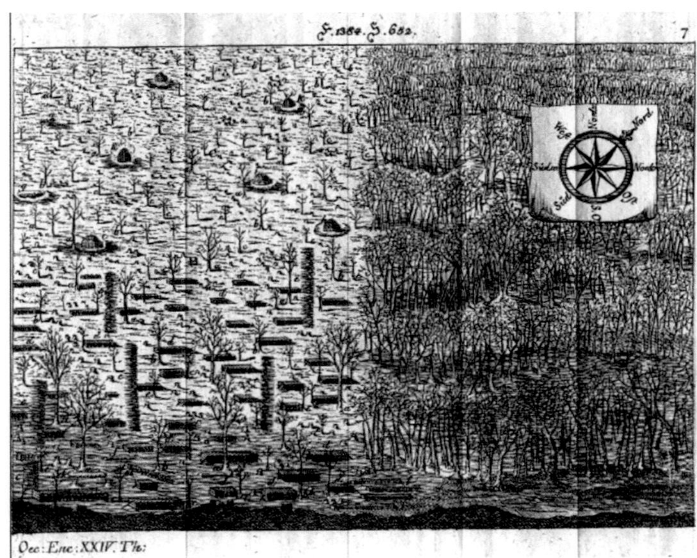

Abbildung 71: Kohlenmeiler. Krünitz, Oeconomische Ecyclopädie. Berlin 1790. Band 43, S. 57, Fig. 2377 zum Text »Holz« in Band 24, S. 652. Links »das Kohlengehau« mit einzelnen stehen gelassenen jungen Bäumen zur Besamung (»Ober- und Vorständer«) und den ganz jungen »Heck-schwaden«, Reisigholz, das noch geschnitten und zum Abtransport gebündelt werden muss. Ein fast kompletter Kahlschlag, eine große offene Wunde ohne Schattenbäume. Rechts »der stehende Teil des angehauenen Ortes«. Auf der gehauenen Fläche sind im oberen Teil sechs Kohlemeiler, einige erst gedeckt, andere schon angesteckt, und am linken Bildrand eine Grube zur Vorbereitung eines Meilers zu sehen. In der unteren Hälfte verstreut zahlreiche Holzstapel. Die Säulen sind »Las- oder Hägereiser, aus welchen Ober- und Vorständer werden«, junge Laubholzstämme, die neu austreiben sollen.

Holz für Bergbau und Schmelzhütten

Außer Holzkohle für die Metallschmelze, brauchte der Bergbau Holz zum Ausbau der tiefer werdenden Schächte und der Förderanlagen. Sie mussten immer wieder erneuert werden, da sie in den feuchten Gruben schnell verrotteten.

Abbildung 72: Eisenschmelze im Mühlethal bei Zofingen, Kanton Aargau. Zeichnung. »Prospect der Oberhaslischen Eysen Schmeltze im Mülithal, von der Mittag Seiten anzusehen« 1760. Hier wurden vor allem Kanonenkugeln für die Herren in Bern von ausländischen Knappen produziert, die Berge des Gadmertals entwaldet. Dadurch fehlte der Lawinenschutz, der Wildbach überschemmte das Tal. Deshalb machten 1628 die Talbewohner die ersten Anlagen dem Erdboden gleich. Die Werksanlagen mit Hochofen (A), Schmiede und Läuterung (B) und Stammholzlager (H) wurden erst 1756 unter strengen Auflagen für die Betreiber zum Schutz der Interessen der Bauern und zur Schonung der Wälder neu errichtet. Zu sehen sind auch die Verbindungswege, u. a. der Kohlweg, auf dem die Holzkohle angeliefert wurde: »links die «Brug über den Gentelbach» (L), über welche die Erzeugnisse des Werks nach Westen ins Berngebiet geführt wurden, oben den «Ertz Weg» (P) aus dem Gental und rechts den «Kohl Weg» (Q) aus dem Gadmental«. Am linken Bildrand eine Holzriese, in der lange Stämme ins Tal schossen.[107]

Abbildung 73: Ansicht von Zofingen aus dem Jahr 1805. Kolorierter Kupferstich von Johann Jakob Aschmann. Hier befand sich, nur 3 km von der Eisenschmelze im Mühlethal, eine Glocken- und Zinngießerei. Zofingen war außerdem berühmt für seine Tannenwälder und exportierte bis zu den Werften in Genua. Davon ist nicht mehr viel übrig. Die Berge ringsum haben nur noch einen Gipfelsaum von Bäumen, sie sind kahlgeschlagen und von Sturzbächen zerfurcht.

Abbildung 75: Grubenholz. Zinkmine Altglück bei Bennerscheid. Lithografie von Adolphe Maugendre 38 x 55 cm. Paris 1855. Wikimedia commons. Bennerscheid war damals ein Dorf mit sechs Häusern bei Königswinter. Der Stollen war nach jahrzehntelangem Stillstand erst zwei Jahre vor dieser Abbildung auf einer Länge von 950 m von der belgischen Société Anonyme de Mines et Fonderies de Zinc de la Vieille Montagne aufgeschlossen worden. 1875 wurde die Grube stillgelegt. Die Lithografie vermittelt nicht den Eindruck eines Bergbaubetriebs, sondern den einer Zimmermannswerkstatt mit Stapeln von Fichtenstämmen, von Stangenholz und von Brettern. Im Hintergrund ersetzen junge Fichten die schon bei früheren Stollenbetrieben abgeholzten Buchen.

Abbildung 74 (linke Seite): Hochofen in den Bergen von Franchimont zwischen Lüttich und Spa. Jan Brueghel d. Ä. (1568-1625) ca. 1610. Öl auf Kupfer 23 cm x 33 cm. Galleria Doria Pamphilj Rom. Der Ofen wurde von hinten bestiegen und in einem Wechsel von gepochtem Eisenerz, Holzkohle und Kalk gefüllt. Ein strohgedeckter Schuppen schützt die austretende Eisenschmelze und die von einem großen Mühlrad bewegten Blasebälge, die man im Dunkel der Hütte vermuten muss. Im Vordergrund links ein Vorrat an Holzkohle und ganz rechts außen die erkalteten Eisenstangen. Der Hüttenmann rührt die Schmelze und fischt daraus Schlacke. Anscheinend wurde der Ofen sowohl zur ersten Schmelze als auch zum Frischen des noch stark kohlenstoffhaltigen Erstprodukts benutzt. Dabei wurde über mehrere Stunden das noch sehr brüchige und poröse Eisen erneut geschmolzen und dabei viel Holzkohle verfeuert, um die Schmelztemperatur von 1300° C aufrecht zu erhalten

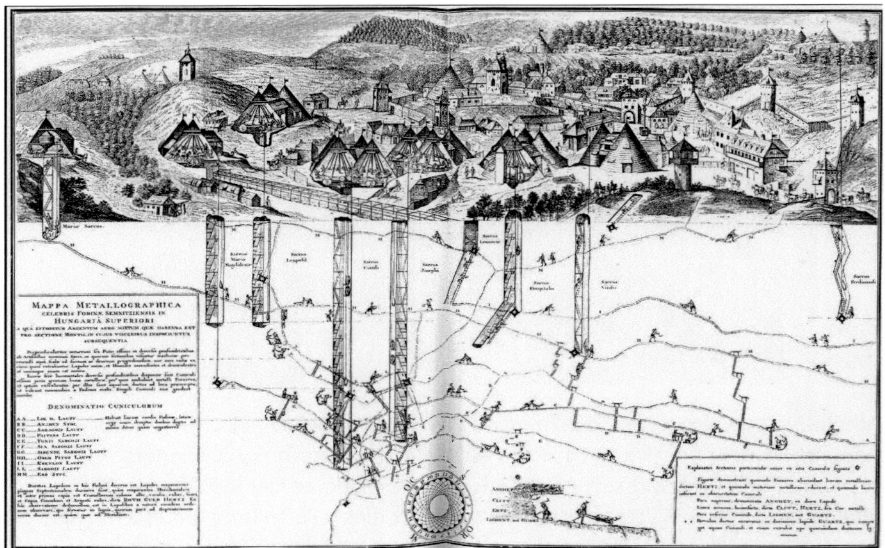

Abbildung 76: Gold- und Silberbergwerk in Banská Štiavnica (Schemnitz) Slowakei. Mappa Metallographica, Celebris Fodinae Semnitziensis. Aus: Luigi Ferdinando Marsigli (1658-1730), Danubius Pannonico-Mysicu. Den Haag und Amsterdam 1726. Band 3. Marsigli beschäftigte sich mit Geografie, Astronomie und Ozeanografie als Privatier. Diese 6-bändige Monografie über den Donauraum war mit 288 Kupferstichen illustriert. Die Wälder der Umgebung sind weitgehend ausgeräumt, und man bekommt eine Vorstellung vom immensen Holzbedarf zur Konstruktion der Fördereinrichtungen und der Schächte.

Abbildung 77: Hammerwerk Mörgenröthe in Morgenröthe-Rautenkranz (im Vogtland südlich von Zwickau) um 1840. Lithografie nach einer Zeichnung von Gustav Metz (1816-1853). Sammlung Erich Matthes. Wikimedia commons. Herstellung von Weiß- und Schwarzblechen. Der 1820 errichtete Holzkohle-Hochofen des Blechwalzwerkes und der Eisenhüttenanlagen. Der Maler Hugo Bürkner war 1842 mit seinen Malerkollegen Gustav Metz und Felix Schadow von Dresden über Prag und mehrere österreichische Städte nach München unterwegs. Auf dem Weg dahin könnte er das Hammerwerk gezeichnet haben. In der Bildmitte der rauchende Hochofen, der als Industriedenkmal erhalten ist. Interessant ist der Wald, der die Bemühungen zur Wiederaufforstung ausschließlich mit Fichten zeigt, nachdem die Holzernte nicht mehr als Kahlschlag, sondern unter Beibehaltung von Samenbäumen, den Überhaltern erfolgte.

Abbildung 78 a: »Den Streit wegen des Zellerfelder und Clausthaler Bergwerck betreffend« 1581. Deckfarben auf Leinwand 57 x 109 cm. © Bild und Reproduktion Sächsisches Staatsarchiv, Hauptstaatsarchiv Dresden, Blatt Karten und Risse, Schr. 1 F. 21 Nr. 20 (MF 15775). Hier wurden schon seit dem 13. Jahrhundert Erze mit reichem Silber-, Kupfer-, Blei- und Eisengehalt im Tiefbau gewonnen. Über den genauen Grenzverlauf gab es Streit, der in einen Überfall von 400 Mann aus Zellerfeld in Clausthal mündete, wo sie Gruben und Gräben zuschütteten. Zur Vorbereitung der Schlichtung am 28. Februar 1581 in Nordhausen durch die vom Kaiser beauftragten Räte des Landgrafen von Hessen und des Kürfürsten von Sachsen wurde diese Karte erstellt. Die Stolleneingänge der Clausthaler lagen direkt vor der Nase der Zellerfelder, ihr unterirdischer Verlauf ist nicht zu erkennen. Gut zu sehen ist der hohe Grad an Entwaldung auf der Gemarkung der Zellerfelder.

Abbildung 79: Grubenholz. Georg Engelhard Löhneysz, Gründlicher und auszführlicher Bericht von Bergwercken: wie man dieselbigen nützlich und fruchtbarlich bauen, in glückliches Auffnehmen bringen, und in guten Wolstand beständig erhalten ... Stockholm und Hamburg 1690. Löhneisen (1552-1622) war braunschweigischer Berghauptmann, der seine Bücher selbst verlegte, seit 1606 mit Sitz in Zellerfeld,. Eine Menge Holz wurde in den Schachtanlagen des Clausthal-Zellerfelder Fördergebiets von Silber, Gold und Blei verbaut. Unten rechts wird Feuer gesetzt, um das Gestein, eine Grauwacke härter als Beton, mürbe zu machen. Im schrägen Gang fährt ein Knappe mit Licht und Schubkarre in den Stollen ein.

Abbildlung 78 b (linke Seite): Ausschnitt. Der Clausthaler Holzvorrat ist zwar durch Femelschläge gelichtet, aber noch nicht bis in Berge abgeschlagen. Der Jungwuchs auf dem Clausthaler Revier ist wieder Fichte. Eine Vielzahl der Fichten sind wahrscheinlich durch Borkenkäfer oder Rauchgase abgestorben, zu erkennen an der weißlichen Verfärbung der Nadeln und Stämme. Auf dem spitzen Hügel in der Mitte scheint es noch einige Reste von Laubbäumen in herbstlicher Verfärbung zu geben. Der Jahrzehnte lange Streit endete nach dem Aussterben der Grubenhagener Linie 1635 in einem Vergleich und der Etablierung einer gemeinsamen Verwaltung der Bergreviere, aber Wald und Jagd blieben wie bisher bei den einzelnen Bergämtern, so dass Reibereien und Streit programmiert waren.[108]

Abbildung 80: Eisenhütte Rübeland bei Oberharz am Brocken. Kupferstich aus Matthäus Merian, Topographia und Eigentliche Beschreibung Der Vornembsten Stäte, Schlösser auch anderer Plätze und Örter in denen Hertzogthümer Braunschweig und Lüneburg... Frankfurt 1654. Band 15, S. 43. Die schon seit dem 15. Jahrhundert betriebene Eisenhütte war im dreißigjährigen Krieg zerstört worden. Merian zeigt hier also eine brandneue Einrichtung eines Hüttenwerks und die weitgehende Entwaldung der angrenzenden Berge, die ihrer ursprünglichen Buchen beraubt worden waren. Es beginnt, wenn überhaupt, der Ersatz mit kümmerlich wirkenden Fichten. Heute wächst hier wieder ein üppiger Mischwald.

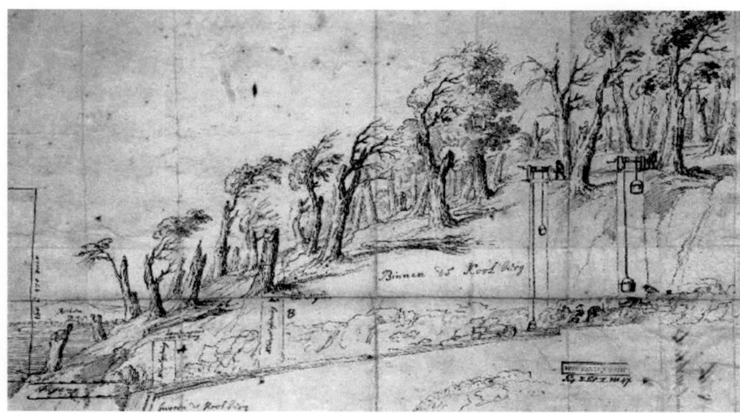

Abbildung 81: Früher Kohlebergbau im Recker Buchholzer Forst. Oranische Karte von 1650 (Ausschnitt). Landesarchiv Nordrhein-Westfalen, Münster. Quelle: RAG Anthrazit. Recke bei Ibbenbühren in Westfalen links unten im Hintergrund. Die Bergleute hacken die Kohle in wenig tiefen Gruben und winden sie in Kübeln nach Übertage. Das Wasser im Flöz wird mit einer Haspel in Eimern gehoben. Die Steinkohle wurde hier vor allem für die Kalkbrennerei verwendet. Die Bäume des Buchholzer Forstes sind am Ende des dreißigjährigen Krieges fürchterlich verstümmelt und teilweise abgestorben. Recke kam mit der Grafschaft Lingen nach ständigem Wechsel der Besitzer im Westfälischen Frieden 1648 an das Haus Oranien, das Inventur machte. Auf seiner Karte wird auf Holländisch eine Rechnung präsentiert: Diese Art der Förderung ist unwirtschaftlich, und die Gutachter fordern den Bau eines Stollenkanals zur Drainage des Wassers. Er wird erst hundert Jahre später angelegt. Der kurze Stollen war noch nicht durch einen Holzausbau gesichert.

Bauholz

Als die meisten Häuser der Städte und der Dörfer noch als Fachwerkbauten errichtet wurden, begrenzte die Verfügbarkeit von Bauholz das Wachstum der Ortschaften. Nürnberg hat schon früh ein Zuteilungssystem etabliert, in dem die Forstämter bestimmten, wer bauen oder renovieren darf. Besonders begehrt und nicht immer in Ortsnähe vorhanden waren Eichen für die tragenden Balken.

Abbildung 82: Arbeiten auf dem Abbundplatz. Hieronymus Rodler (gest. 1539), Eyn schön nützlich büchlin und underweisung der kunst des Messens mit dem Zirckel Richtscheidt oder Linial. Simmern 1531, S. 70. Rodler war Drucker im Schloss Simmern und Sekretär des Pfalzgrafen Johann II. von Pfalz-Simmern (1492-1557), der eine für einen Landesherrn unübliche wissenschaftliche Ausbildung durchlaufen hatte. Auf dem Abbundplatz werden die benötigten Hölzer ausgemessen und zurechtgeschnitten. Auf dem Simmerbach ist ein Floß zur Nahe unterwegs und wahrscheinlich weiter in den Rhein, am anderen Ufer möglicherweise Simmern. Die Berge des Hunsrück sind bis auf einen Baumkranz entwaldet.

Abbildung 83 (S. 121): »Salomons Werckleute auf Libanon«. Johann Jacob Scheuchzer (1672-1733), Kupferbibel. Augsburg und Ulm 1733. Dritte Abteilung, Tab. CCCCXIX, S. 121. Buch der Könige Cap.V. Vers 13-17. Die Holzfäller haben sich von unten nach oben in den Wald hineingefressen und sind dabei, den ganzen Berg kahl zu schlagen – alles für Salomons Tempel. »Und Salomon hatte siebenzig tausend, welche Läste trugen, und achtzig tausend, welche auf dem Berg zimmerten«. Scheuchzer war Stadtarzt von Zürich und konnte die vier Foliobände seiner Kupferbibel mit 750 Kupferstichen wegen Anfeindungen nicht in der Schweiz veröffentlichen. Der Versuch eines Gottesbeweises mit Hilfe der Naturwissenschaften war den kirchlichen Fundamentalisten Calvins und Zwinglis suspekt. Hier erklärt Scheuchzer weitläufig und unter wiederholtem Rückgriff auf andere Bibelstellen die sinnvolle Organisation eines großen Bauvorhabens. Einen Kahlschlag in den Bergen muss Scheuchzer oft beobachtet haben, als er die Schweiz für seine »Natur-Geschichte des Schweitzerlandes« zwischen 1702 und 1711 bereiste. Jedenfalls beschrieb er in einem Anhang vom Glaner Bergsturz am 1. August 1725 ziemlich genau, was passiert, wenn ein tagelanger Regen die Berghänge, »besetzt mit etwas Wald von Tannen und anderm Gehölz samt großen und kleinen Steinen« aufweicht und allmählich ins Rutschen kommt.[109]

Bleiche und Pottasche

Um die naturgrünen Gewebe zu reinem Weiß zu bleichen, wurden die Laugen großer Mengen Pottasche benötigt, in denen die Stoffe in mehreren Arbeitsgängen immer wieder gekocht wurden. Am aufwendigsten war die Leinwandbleiche. Die Chlorbleiche wurde erst im 19. Jahrhundert praktiziert.[110]

Abbildung 84: Leinwandbleiche in St. Gallen. Holzschnitt. Johannes Stumpf, Gemeiner loblicher Eydgnoschafft Stetten Landen vnd Völckeren Chronik … Band 2, 5. Buch, Fol. 42. Zürich 1548. Die Berge sind weitgehend abgeholzt, wahrscheinlich nicht nur für Pottasche, sondern auch für Flachs, der ihr von der bäuerlichen Heimindustrie der umliegenden Dörfern als Garn oder Rohleinwand geliefert wurde. Die St. Galler Tuchhändler besorgten die für ihre feinen Leinwände benötigten Produkte aus der Ostschweiz und dem Allgäu (Schwabenleinwand). »1760 wurden z.B. auf den St. Gallener Bleichen 15 128 Stück Schwabenleinwand gebleicht, aber nur 4 200 Stück aus der Ostschweiz«.[111] Zu sehen ist der große Flächenbedarf der Bleiche für die viele Meter langen Tücher.

Abbildung 85: Hess'sche Bleiche Wernersdorf (Palace Paskoszów) im Riesengebirge. Kupferstich von Johann Maria Bernigeroth 1738 nach einem Gemälde von Daniel Treschnack. 47,3 x 34 cm. Ausschnitt aus einem Portrait des Bürgermeisters von Hirschberg, Johann Martin Gottfried (1685–1737), dem damaligen Besitzer des Schlosses, bevor es vom Kaufmann Heinrich Hess übernommen und als Wohnhaus und Bleiche genutzt wurde.[112] Der spätere Präsident der USA, John Quincy Adams, sah noch 1800 bei seinem Besuch vierhundert Leinwände eingelegt in eine Lauge aus Seife und Pottasche, »denn man bedient sich hier keiner Säuren zum Bleichen«. Bei »günstigstem Wetter« dauert die Bleiche wenigstens zehn Wochen. Die Leinwand ging vor den napoleonischen Kriegen nach Cadiz und von da in die spanischen Kolonien, jetzt nach Hamburg und England und sogar nach Amerika.[113] Hier sind nur die Bleichwiesen vor dem Herrenhaus zu sehen. Die eigentliche Bearbeitung in Laugen erfolgte nahe bei in Warmbrunn, einem Stadtteil von Hirschberg.

Abbildung 86: Bleiche Riesengebirge. Scenographia Urbium Silesiae. Nürnberg 1731-1752, Tafel 1. Prospect des Hoch-Reichs-Gräffl. Schaafgottsch. Riesen-Gebürges bey Hirschberg in Schlesien. Kupferstich von Friedrich Bernhard Werner (1690-1776). Die von unten nach oben fortschreitende massive Entwaldung bei Hirschberg, die auch vor Steilhängen nicht Halt macht, nachdem die Textilbleiche von Jauer (Jawor) wegen Holzmangels in die Berge nach Wernersdorf ausgewichen war. »Wernsdorff« (13) auf halber Höhe am rechten Bildrand.

Kalkbrenner

Gebrannter Kalk war seit Jahrtausenden die Basis für gelöschten Kalk, der mit Sand und einem Überschuss von Wasser zu Mörtel wird.

Abbildung 87: Kalköfen an der Isar bei Großhesselohe 1838. Zeichnung von Albert Emil Kirchner (1813-1885). Wikimedia commons. Zwischen Mittenwald und München waren bis zu 70 Kalköfen in Betrieb. Dort gab es neben Kalksteinen große Mengen Flößerholz, das aus den Bayerischen Alpen und dem Karwendel die Isar flussabwärts getriftet wurde. Im 19. Jahrhundert erreichten rund 8 000 Flöße pro Jahr München. Hier wird ein Floß am Ufer unterhalb der Kalköfen vor einem kleinen Stauwehr abgefangen.

Abbildung 88: Winterlicher Kalkofen bei Großhesselohe in der Nähe von München um 1865. Johann Heinrich Bürkel (1802-1869), Öl auf Leinwand 34,4 x 47,5 cm. artnet. Kunstauktionshaus Neumeister 25. Oktober 2015). Ganze Holzstapel verschwinden im Ofenloch. Auf dem Schlitten und am Ufer Kalksteine. Im Hintergrund die Stadtsilhouette Münchens.

Der Saft des Baumes: Harz, Pech, Teer

Harzgewinnung und Pechsieden waren Jahrhunderte lang eine bäuerliche Nebenbeschäftigung. Pech diente zur Abdichtung von Fässern, und sein Destillationsprodukt, das Terpentinöl, wurde in Lampen verbrannt.

Abbildung 89: Harzsammler. Bei den Pichern im Voigtlande. B. Hempel, Die Gartenlaube 1869, Heft 8, S. 117. Eine fröhliche Runde, die Pause macht, während andere die Rinde eines Nadelholzes teilweise abschälen und Abflussrinnen für Harz anlegen, der in Wannen gesammelt schließlich in dem großen Kessel landet. Auch die einschlägigen Spezialmesser sind dargestellt. Die Stämme wurden nur halbseitig geschält, so dass die Bäume weiterlebten. Im übernächsten Jahr war die andere Seite dran, aber man ließ auf beiden Seiten einen schmalen Rindenstreifen, damit die Bäume überlebten. In vielen Gegenden war das Harzsammeln streng geregelt, die Bäume und Reviere wurden zugewiesen und die erlaubten Zeiten festgelegt.

Abbildung 90: Pechsiederei 1930. Alfred Kubin (1877-1959). Pinsel, Bleistift, Tusche. 37,8 cm x 30,8 cm. artnet. Dies ist für die Zeit, in der Kubin den Pechsieder gezeichnet hat, eine vorsintflutige Anlage mit einem Kessel, dessen Boden durchlöchert ist und in dem das Harz leicht erhöht über einer Grube mit gelindem Feuer erhitzt wird. Das Pech läuft durch den Boden in ein Gefäß, wird in einen Hanfsack gegossen, der gepresst wird, bis das Pech verklumpt. Die beiden Harzsammler bringen ihre Ernte in einem großen Topf, zusammen mit den Säcken. So gepresst, landet das Pech in den Tonnen im Vordergrund.[114] Kubin lebte auf Schloss Zwickledt in Oberösterreich direkt an der Grenze nur wenige Kilometer südlich von Passau, wo diese Art des Pechsiedens auch noch nach dem Zweiten Weltkrieg praktiziert wurde.

Abbildung 91: »Teerofen bey Trebichow« (Trzebiechów, Polen) in Schlesien. Kolorierte Umrissradierung um 1793. 24,2 x 34,2 cm.[115] In diesem aus Ziegelsteinen gemauerten Ofen wird aus harzreichen Stücken von Kiefer und Fichte Pech geschwelt. Dabei muss eine Temperatur von 500° C über mehrere Tage konstant gehalten werden. Es entsteht zuerst der helle, dann der dunkle Teer. Aus dem hellen destilliert man Terpentinöl, der dunkle wird Pech.

Entwaldung, Kahlschlag, Rodung

Alle drei kann man zynisch als Kulturleistung werten, dienten sie doch der Gewinnung landwirtschaftlicher Flächen, der Produktion von Salz und Metallen, dem Bau von Häusern und Schiffen. In ihrer Masse und bei steigender Bevölkerungszahl und gesteigerten Ansprüchen steuerten sie im 19. Jahrhundert auf eine nicht nur lokal begrenzte Katstrophe zu. Bilder vom Zustand einiger Landschaften vor dem Beginn der Industrialisierung zeigen das Ausmaß der schon erreichten Zerstörung großer Waldgebiete, und einmal den erfolgreichen Versuch einer Korrektur.

Abbildung 92: Langenschwalbach 1840, seit 1927 Bad Schwalbach im Rheingau-Taunus-Kreis. Stahlstich von Henry Winkles 98 x 149 mm aus Georg Wigand, Das malerische und romantische Deutschland. Leipzig 1836-41, Band 6, S. 266. Im Hintergrund Burg Hohenstein. Ein Wald, in dem um 1800 Katharina Pfeiffer aus Langenhain mit einer Zeugung des Schinderhannes niedergekommen sein soll, ist nicht zu sehen. Ende des 17. Jahrhunderts war der Wald auch durch die vom Landgrafen forcierte Köhlerei schon weitgehend vernichtet und Holzmangel eingetreten. Ein Überbleibsel dieses Raubbaus ist die Stiersteiner Heide südlich von Oberursel, in der weder Landwirtschaft noch eine Aufforstung möglich waren. Eine erste um 1800 durchgeführte Walderhebung der Hohemark bei Oberursel ergab 64 % Buche, 19 % Eiche, 12 % Erlen-Buchen-Birkenwald und nur 5 % Nadelholz. Die Wiederaufforstung im 19. Jahrhundert erfolgte ausschließlich mit Fichte, und dabei ist man auch noch in der nächsten Waldgeneration geblieben, weil der Preis für Buchenholz zum Zeitpunkt der Wiederaufforstung im Vergleich zur Fichte niedriger war.[116] Diese fast schlagreifen Fichten wurden 2007 im Taunus großflächig vom Orkan Kyrill umgelegt. In den heißen Sommern von 2018 und 2019 kamen alleine im Bad Homburger Stadtwald 26 000 Festmeter durch den Borkenkäfer geschädigtes trockenes Fichtenholz hinzu. In den Wäldern von Usingen im Taunus ließ der Käfer 200 Hektar kahlgeschlagene Flächen zurück, zehn Prozent des Usinger Waldes.[117]

Abbildung 93: Langenschwalbach. Matthäus Merian 1631. Kupferstich aus »Topographia Hassiae » Franckfurt 1646, S. 72. Der Hochwald war schon damals bis auf einen spärlichen Gipfelbewuchs zurückgedrängt. Mit der Einführung der Dreifelderwirtschaft konnten die Schafe, die bisher die Lebensgrundlage gebildet hatten, nicht mehr auf Wiesen weiden und wurden in die Wälder getrieben. Die Brachfelder sind als leere Flächen zu erkennen. 200 Jahre später war dieser Ackerbau verschwunden und wieder der Schafweide gewichen. An den Hängen rechts und links Niederwälder. Im eingefügten Bild die Bäderanlage, die Merian aufgesucht hat. In Langenschwalbach ist er 1650 gestorben.

Abbildung 94: Eduard Wilhelm Pose (1812-1878), »Blick in das Ahrtal bei Bodendorf«, 1834/35, Öl auf Leinwand, 28,7 x 41,1 cm, Frankfurt, Städelsches Kunstinstitut, Inv. Nr. 1874, Verz. 1966. Im Vordergrund der ein Weinfeld begrenzende Niederwald, der als Lieferant für Weinstöcke und Brennholz unterhalten wurde und der auch den Hügel im Hintergrund bedeckt. Die dunkleren Berge des mittleren Ahrtals sind bis auf eine Kappe oder einen schmalen Streifen abgeholzt.

Abbildung 95: Schloss Zeil bei Leutkirch im Allgäu 2. Hälfte des 17. Jahrhunderts. Kupferstich. Verleger Jeremias Wolff Augsburg. Waldburg-Zeil'sches Gesamtarchiv Schloss Zeil. Wikimedia commons. Das Bild zeigt sehr gut, mit welcher Nachlässigkeit die Wälder gelegentlich geplündert und missbraucht wurden und eine zu große Zahl von Rehwild jede Naturverjüngung von Eichen und Buchen verhinderte. Nur wenige Horste von jungen Fichten haben dem Wildverbiss getrotzt. So sahen die Wälder nach Ende des Dreißigjährigen Krieges in vielen Teilen Deutschlands aus. Der Hang rechts neben dem Schlossberg ist durch Starkregen regelrecht ausgewaschen und von tiefen Furchen durchzogen.

Abbildung 96: Schloss Zeil. Kupferstich von F. Klauber (Fratres = Gebrüder Klauber, sign. F. Klauber S. c. A. V., gezeichnet von F. W. Baader. Württembergische Landesbibliothek Stuttgart). Diese Ansicht des Schlosses aus ähnlicher Perspektive dürfte um die Mitte oder gegen Ende des 18. Jahrhunderts entstanden sein, als die Gebrüder Klauber Hofkupferstecher des Fürstbischofs von Augsburg und später auch des Kurfürsten von der Pfalz und des Fürstabts von Kempten waren und in Augsburg einen hochangesehenen Kunstverlag betrieben. Zwischen beiden Bildern liegen also rund 100 Jahre. Die Bemühungen um Wiederaufforstung auf dem Schlossberg und den angrenzenden Hügeln sind nicht zu übersehen, vor allem war es gelungen, den zerfurchten Hang rechts des Schlosses wieder zu bewalden und auf dem Steilhang vor dem Schloss Laub- oder Obstbäume in geometrischer Akkuratesse anzupflanzen. Auch die Hänge links und rechts vom Schlossberg sind wieder durchgehend bewaldet.

Abbildungen 97 a, b: Kahlschlag und Holztrift aus dem Neuwald.

Seccomalereien in der großen Stube des Pfarrhofes in Josefsberg in Niederösterreich an der Grenze zur Steiermark. Vom Lilienfelder Zisterzienserpater und Pfarrer Chrysostomus Sandweger um 1830. Ausschnitte aus seinem Zyklus über Waldarbeit. Pfarrer Sandweger hat diesen Zyklus in den Wintermonaten an die Wände seines Pfarrhauses gemalt. Holzriesen, das sind Holzrinnen, die im Winter vereisen und so die Hölzer mit großer Geschwindigkeit zu Tal befördern. Der ganze Berg ist kahl geschlagen.

Zu den Abbildungen 98a-c: Der böhmische Geistliche, Aquarellist und Zeichner Anton Johann Venuto (1746-1830) hat zahllose extrem stilisierte Veduten mit Ansichten aus Böhmen und Mähren geschaffen, die in ihrer übertriebenen Klarheit die Auswirkungen der Rodungen auf das Landschaftsbild festgehalten haben. Wald und Flur sind scharf voneinander getrennt, das Zurückdrängen der Wälder durch landwirtschaftliche Nutzung fast schmerzhaft in Szene gesetzt. Viele seiner Aquarelle wurden in Kupfer gestochen, die die Trennschärfe noch betonten.

Abbildung 98a: Bad Rezek bei Neustadt im Königgrätzer Kreis. Aquarell 1800. Immer wieder zeigt sich das typische Bild der Rodungen, die von unten nach oben die Berge entwalden und nur noch einen schmalen Baumkranz stehen lassen. Bad Rezek war ein Luftkurort. Kurgebäude und Kirche stehen noch im Wald.

Abbildung 98 b: Schloss Schatzlar (Schazlar, Žacléř) und Börnstadt am südlichen Ausläufer des Riesengebirges in Tschechien. Aquarell 1814. Hier fällt die strikte Trennung von Laub- und Nadelwald auf, aber beide sind bis auf einen Gipfelsaum zurückgedrängt.

Abbildung 98 c: »Schloss und Dorf Marschendorf (Maršov), Königgrätzer Kreis nebst einem Theile vom Riesengebirge gemahlt von J. Venuto« Tschechien. Aquarell 1821. Die Entwaldung des Riesengebirges ist weit fortgeschritten, auf einigen Bergen sind nur noch Bauminseln zu sehen.

Der Bergsturz von Goldau

Der Bergsturz von Goldau im Kanton Schwyz war ein Fanal für eine ganze Reihe von Katastrophen, die die Alpen im 19. Jahrhundert als Folge der hemmungslosen Entwaldungen heimgesucht haben. Er zerstörte Goldau und seine Umgebung am 2. September 1806 und hat mit einer 20 Meter hohen Flutwelle und Schuttablagerungen den Lauerzer See um ein Siebtel seiner Fläche verkleinert. (siehe Abbildung 102, S. 140). Er forderte 457 Menschenleben, 111 Wohnhäuser und 220 Ställe und Scheunen wurden mit ihrem Vieh durch 40 Millionen Kubikmeter Gestein verschüttet. Goldau lag unterhalb des Rossbergs, der die Wasserscheide zwischen Zuger See und Lauerzer See im Kanton Schwyz markiert. »Der Rossberg besteht aus einer Wechselfolge von Tonmergel und Sandsteinbänken mit mächtigen Nagelfluh- (d.h. Konglomeratbänken) der Unteren Süßwassermolasse«, sagt der Geologe K. Thuro.[118] Molassen sind Ablagerungen von Gesteinen, die bei der Verwitterung von Bergen entstehen. Das Problem des Rossbergs war der Tonmergel, der eine Gleitfläche für den Schotter bildete, als er unter Wassereinwirkung entkalkte (verwitterte) und bei hohem Porenwasserdruck nicht mehr zusammenhielt. Geologen sprechen dann von »versagen«. Bei der Erhöhung des Porenwasserdrucks kommt die Entwaldung des Rossbergs ins Spiel, die auf den Bildern vor und nach dem Bergsturz und auf der Karte gut zu sehen ist.

Abbildung 100: Bergsturz von Goldau. David Alois Schmid. (1791-1861) Bleistift und Aquarell auf Papier 38,5 x 59,5 cm. artnet Auktion 31. Mai 2005. Der in Schwyz geborene Zeichner und Aquarellist Schmid hat das Wesentliche im Ablauf des Bergsturzes erfasst: den in Wellen herabschießenden verflüssigten Mergel, der die Gesteinsbrocken mit hoher Geschwindigkeit bis zum Gegenhang schleuderte, und die durch die Druckwelle erzeugte Flutwelle im Lauerzer See, die eine Insel mitsamt Kapelle und einen Hof am Ufer verschlang. Die massive Entwaldung des Rossbergs ist gut zu erkennen.

Abbildung 99 (S. 137): Goldau vor dem Bergsturz 1806. Johann Jakob Aschmann (1747-1809). Kolorierte Umrissradierung. Schweizerische Nationalbibliothek. Links der Zuger See. Der Lauerzer See ist durch den Hügel im Vordergrund zum großen Teil verdeckt.

Abbildung 101: Goldau direkt nach dem Bergsturz. Josef Franz Leontinus Triner, kolorierte Umrissradierung. Schweizer Nationalbibliothek. Blick von Süden in die Absturzschneise des Rossberges, rechts der Lauerzer See, links der Zuger See.

Abbildung 102: Goldau-Karte vor dem Bergsturz. Karl Zay, Goldau und seine Gegend. Zürich 1807.[119] Karl Zay (1754-1816) war Arzt in Arth am Südufer des Zuger Sees, nur 4 km von Goldau entfernt, und 1806 Säckelmeister (Finanzminister) des Kantons Schwyz. In der Rüthi-Wiese rechts neben der Sanz-Waldung unterhalb des Gipfels wurde schon am Vortag ein sich erweiternder Riss festgestellt. Zwei Jahre vorher war dort durch Bewegungen im Berg eine Quelle verschwunden. Am Hüblis-Brachen rechts neben der Rüthi-Wiese gab es einen Kohlenmeiler. Der Köhler war dabei, die noch vorhandenen Waldreste am Röthner-Baan abzuschlagen, genau dort, wo zuerst ein Riss aufgetreten war. Baan steht für Bannwald, der hier gnadenlos beseitigt wurde. Nutzung als Weide selbst in den Steilhängen, wo die Tritte des Viehs den aufgeweichten Mergel in Bewegung setzen konnten. Die Ausdehnung des Bergsturzes ist mit einer gepunkteten roten Linie markiert.

Klima und Entwaldung – die Debatte des 19. Jahrhunderts

In der Bildergalerie ist zu sehen, dass durch Bevölkerungszunahme und Ausdehnung der landwirtschaftlichen Flächen und die beginnende Industrialisierung der Druck auf die noch verbliebenen Wälder enorm gestiegen war. Entwaldung und fehlgeleitete Nutzung des Waldes waren seit Beginn des 19. Jahrhunderts zu einem viel diskutierten Problem geworden, katastrophale Überschwemmungen, Bergstürze und Murenabgänge in den Alpenländern ein fast jährlich wiederkehrendes Phänomen, die Auswirkungen auf das lokale Klima, auf Wetterereignisse nicht mehr zu übersehen. Plötzlich waren die Wälder nicht mehr nur Holz- und Streulieferanten, sondern auch Klimaregulatoren und Beschützer des Bodens. Sie bekamen eine höhere Bedeutung, die leise schon beim Vorreiter der Forstwissenschaft Hans Carl von Carlowitz angeklungen war.

Die »höhere Bedeutung der Wälder«

In der erweiterten zweiten Auflage des Forstklassikers »sylvicultura oeconomica« vom erzgebirgischen Oberbergrat Hans Carl von Carlowitz hat ihr Fortschreiber, der sächsische Kameralist Julius Bernhard von Rohr (1688-1742), nach dessen Tod die Gedanken weitergesponnen. Der Kameralist hatte eine Ahnung von einer »höheren Bedeutung der Wälder« und sagte in einem Anflug von poetischer Eindringlichkeit: »Mit gutem Fug und Recht können die Wälder vor eine Krone der Berge, vor einer Zierde der Felder, vor einen Schatz des Landes, und vor einen mit Nutz vermengete Sinnen-Lust angegeben und gerechnet werden«.[120] Eine solche Auffassung vom Wald, der allen nutzt und ästhetisches Wohlbefinden verbreitet, hätte ein Umdenken zu einer Zeit einläuten können, als der Wald noch nicht ganz auf den Hund gekommen war. Tat sie aber nicht. Die mit »Nutz vermengete Sinnen-Lust« blieb weiter auf den Nutzen am Holz beschränkt. Der Prager Forstwissenschaftler und Don Quixote des Waldbaus, wie ihn seine Gegner nannten, Christoph Liebich (1783-1874), beschwor 120 Jahre später gar die Bäume »als Riesen des Pflanzenreichs«, die »die hohe Aufgabe des Himmels« zu erfüllen haben. Das hieß für ihn Arbeitsbeschaffung an der frischen Luft und Entwicklung der Industrie:

»...was wird es sein, wenn seine (Österreichs) ersten Staatswirthe und Magnaten zu der Erkenntnis kommen, daß in den Ländern des Continentes die Riesen des Pflanzenreichs, die Bäume des Waldes, nicht allein die Bestimmung haben, das Klima und die Wohnlichkeit der Länder steigend zu verbessern und die Fruchtbarkeit zu erhöhen, sondern ganz vorzugsweise die hohe Aufgabe des Himmels zu erfüllen haben aus dem, dem Forstwirth bisher unbekannt gebliebenen Kohlenstoffmagazine der Atmosphäre, jenem ewig untilgbaren Kohlenfelde, in steigender Progression, mit der Ausbildung der Wissenschaft, des Ackerbaus und der Industrie, mehr Kohlenstoff, Lebensmittel, Futter, Streu und Dünger, insbesondere aber dem Volke, in der freien Gottesnatur, in der gesundesten Luft, immer mehr und mehr Arbeit zu erwerben«.[121]

Es waren nicht die Beschwörungsformeln von Idealisten und Träumern, die ein Umdenken einläuteten, sondern die knallharten Zwänge von Naturkatastrophen und Wüsteneien nach flächendeckenden Entwaldungen. Frankreichs Revolution hatte den Wäldern so schwer zugesetzt, dass in der Provence bereits ganze Landstriche verödet und entvölkert waren. Der Herausgeber der Tageszeitung *Le Rédacteur*, Thuau-Granville, veröffentlichte schon 1798 einen eindringlichen Appell zur Wiederaufforstung:

»Wenn wir nicht die Verwüstung der Wälder von der teilweisen Degradierung heilen, wird dieses so auf seine Fruchtbarkeit und seine Bevölkerung stolze Frankreich steril und entvölkert werden«. Wer einen Berg entwalde, beraube ihn für immer seiner fruchtbaren Erde und mache sie unfruchtbar. Im Moment baue man überall Kanäle, aber »kein Fluss ohne Bach, kein Bach ohne Quelle, keine Quellen ohne von Wäldern gekrönte Berge«. Die Bäume seien selbst ein Bach, die das Wasser der Atmosphäre zirkulieren ließen. Wenn sie fehlten, bliebe für Landwirtschaft und Kanäle nichts mehr übrig. Eine sofortige Forstorganisation sei dringend nötig. »Das Gedeihen der Landwirtschaft, das der Industrie und des Handels hängt von ihrer sofortigen Bildung ab, da die Regeneration der Wälder den Hügeln ihre Fruchtbarkeit, den Tälern ihre Frische, den Feldern ihre Ergiebigkeit, den Fabriken ihre Bäche, dem Handel seine Kanäle und Flüsse, die schiffbar bleiben, zurückgeben«.[122] Passiert ist erst einmal nichts. 1804 wurde damit begonnen, eine Forstverwaltung aufzubauen, die anscheinend den Auftrag hatte, möglichst viel Holz einzuschlagen, um die Bedürfnisse der Marine und der Stahlkocher für die Kriegsproduktion zu befriedigen, das genaue Gegenteil der Forderungen des Herausgebers von *Le Rédacteur*. Zu diesem Schluss muss man kommen, wenn man sich die Zahlen ansieht, die Alexandre Moreau de Jonnès vorlegte.

Der Stabsoffizier und Verantwortliche für die nationale Statistik in Frankreich, Alexandre Moreau de Jonnès (1778-1870), schrieb 1825 als Antwort auf die Frage der Königlichen Akademie in Brüssel, welche Veränderungen durch die Ausrottung der Wälder im physischen Zustand der Länder entstehen, einen langen Essay, gespickt mit einem Feuerwerk von Zahlen und Messergebnissen von Temperatur und Luftfeuchtigkeit. Sein Leitspruch: »Die Natur hat das Schicksal der Sterblichen durch verborgene Ketten an die der Wälder gefesselt«. Über den Daumen gepeilt war das Frankreich von 1750 noch zu einem Viertel mit Wald bedeckt, und zur Zeit der Restauration nur noch zu einem Zwölftel, was einem Verlust von mehr als 100 000 km^2 in einen dreiviertel Jahrhundert entspricht, oder rund fünf Mal der Fläche Hessens oder drei Mal der Baden-Württembergs.[123] Allein zwischen 1792 und 1815, während der Revolution und der Herrschaft Napoleons, hat Frankreich ein Drittel seiner schon vorher geschrumpften Wälder verloren, ein vorher nie gesehener Raubbau an der Natur. Die Auswirkungen auf das örtliche Klima, auf Temperaturschwankungen und Regenmengen waren vielerorts bereits spürbar, was Jonnès mit Messungen belegen kann. Dem Statistiker Jonnès ist es trotz eines beeindruckenden Zahlenwerks jedoch nicht gelungen, Ross und Reiter der Misere als Voraussetzung für ein zielgerichtetes Umsteuern zu benennen.

Das wird zwanzig Jahre später Adolphe-Jérôme Blanqui (1798-1854) nachholen. Er war der Bruder des Kommunisten Louise-Auguste Blanqui, studierter Ökonom und Professor am *Conservatoire National des Arts et Métiers* (Nationales Konservatorium der Handwerke und Berufe) und verfasste in dieser Funktion Berichte über Korsika, Algerien und einen über die Entwaldung der Berge. Blanqui nahm kein Blatt vor den Mund und schilderte die durch die Entwaldung ausgelösten erbärmlichen Lebensbedingungen der Bevölkerung nach einer zweijährigen Studienreise einer vom ihm geleiteten Kommission »in dieses trostlose Vaterland, in dem die Fluten mit unermüdlicher Raserei die Erde ins Meer befördern«.[124] Die Hoch- und die Voralpen vergessen, isoliert, eine Region, in der es nichts zu kaufen und zu verkaufen gibt. Die fortschreitende Zerstörung der Wälder hat auf einmal an tausend Orten die Quellen und den Brennstoff verdorben, was so viel bedeutet wie »nach der Erde das Wasser und das Feuer«. Brot werde deshalb nur einmal im Jahr mit Kuhfladen gebacken, man bearbeite es mit einer Hacke, um es essen zu können. Bäche und Flüsse meterhoch von Geröll bedeckt, das sich über Felder ergießt und »einen Mantel von Steinen um das Gelände legt«. Wie »rollende Seen« bewegten sich die Fluten und schleuderten Steine als Projektile vor sich her. Manchmal bewege sich das Wasser durch die Wucht des

Aufpralls zurück Richtung Quelle. Die kümmerlichen Weiden mit wenigen verkrüppelten Bäumen und Büschen ernährten die Schafherden der Bewohner nicht mehr und sie müssten sie an Eigentümer aus dem Rhonetal verpachten, und in mehr als 50 Kommunen gäbe es im Frühjahr kein frisches Gras mehr. Seit der Revolution hätten die Kommunen ihre Wälder fast vollständig vernichtet. Wenn das so weitergehe, würde Frankreich durch eine Wüste vom Piemont getrennt sein.

Blanqui dringt auf schnelles Handeln des Staates. Die Fakten seien bekannt, die Ursachen auch. Die Wiederaufforstung könnten die Kommunen und Privatleute nicht stemmen. Das allgemeine Klima sei damit allerdings nicht zu beeinflussen. »Keine Kraft kann die Nebel der Alpen des Dauphiné vertreiben und auch nicht die immer klare Sonne die Alpen der Provence verhüllen«. Möglich aber sei es, den Missbrauch der Weide und die Entwaldung zu stoppen, um die Gewalttätigkeit der Gebirgswasser zu vermindern. Man solle bedächtig vorgehen, um die Menschen mit ihren Jahrhunderte alten Verhaltensweisen von fast religiösem Charakter nicht zur Auswanderung zu zwingen, denn sie müssten während der Maßnahmen ja weiter leben können. Blanquis generalstabsmäßiger Plan umfasst alle Bereiche staatlichen Handelns einschließlich der Änderung von Gesetzen, und er appelliert bei der Finanzierung an die nationale Solidarität und Stärke. »Frankreich brauchte nie eine Wüste, um an der Spitze zu stehen«, wohl eine Anspielung auf die einstige Größe Arabiens und auf die eigene.

Der französische Chemiker und Agrarwissenschaftler Jean-Baptiste Boussingault (1802-1887) stellte sich 1837 die Frage, ob Entwaldung die Regenmenge beeinflusse. Er kommt nach vergleichenden Untersuchungen in Südamerika, in die er auch Beobachtungen von Alexander von Humboldt einbezieht, zu dem Schluss, dass bei einer Abholzung großer Flächen sich die Menge der Gewässer, die auf die Oberfläche eines Landes niedergehen, vermindern, aber dass es unmöglich sei, zu sagen, ob das an einer verminderten Regenmenge, an einer größeren Verdunstung oder einer Kombination von beiden liege. Aber unabhängig davon würden die Wälder die Gewässer regulieren. Zwar könnten rein örtlich Quellen versiegen, wenn Wälder verschwinden, aber man habe nicht das Recht, daraus zu schließen, dass eine Verminderung der Regenmenge die Ursache sei. Für die Tropen jedoch könne man nach großflächiger Entwaldung eine Verminderung des Regens annehmen.[125]

Der Meteorologe Heinrich Wilhelm Dove (1803-1879), dem wir das Drehungsgesetz der Winde um Hoch- und Tiefdruckgebiete verdanken, hat mit Bezug auf Boussingault die Wirkung einer Entwaldung in den Tropen zu erklären versucht:

»Bei einem Walde verhält sich die obere Laubdecke in Beziehung auf Isolation und Ausstrahlung, wie die unmittelbar den Boden bedeckenden Gräser bei einer Wiese. Die Luft, welche die durch Ausstrahlung erkalteten Zweige berührt, wird sich selbst abkühlen und dadurch spezifisch schwerer zu Boden sinken. Eben so fällt der Thau, welcher die obern Blätter befeuchtet, wenn er nicht von diesen Blättern unmittelbar absorbiert wird, in Tropfen zu Boden, auf dem er später wieder verdampft. Die im Niederschlag des Thaus frei werdende Wärme kommt also nur dem obern Laubdach zu Gute, während der Boden die zu Wiederverdampfung nöthige Wärme allein hergeben muss. Daher jene characteristische feuchte Kühle eines Waldes, der auf diese Weise in Beziehung auf die Atmosphäre einen Abkühlungspunkt bildet, welcher Niederschläge veranlasst, wo andere Condensationsursachen fehlen, weswegen unter den Tropen, wo alle diese Erscheinungen am klarsten hervortreten, mit Vernichtung der Wälder auch die Regen aufhören, welche die Vegetation erhalten«.[126]

Boussingault habe 1827 bei einem nächtlichen Biwak unter freiem Himmel im kolumbianischen Cauca in dem nur wenige Meter entfernten Wald einen kontinuierlichen Regen niedergehen hören und im Mondlicht gesehen, wie Wasser über die oberen Zweige lief, während er selbst im Trocknen saß. Leider, so Dove, gäbe es noch zu wenig Messungen, um den komplizierten Zusammenhang zwischen Vegetation und »allgemeinen klimatischen Beziehungen aus der Fülle örtlicher Besonderheiten klar gesondert hervortreten zu lassen« – kurz, das allgemeine Klima war schon im Blick, aber wissenschaftlich wegen stark schwankender örtlicher Bedingungen noch nicht zu fassen.

Doves Erklärung des Pflanzenwachstums in Abhängigkeit von Bodentemperatur und atmosphärischen Temperaturschwankungen und der Steuerung der Regenmenge durch Wälder wurde im Jahr darauf in den *Kritischen Blättern für Jagd und Forstwissenschaft* ausführlich besprochen. Ihr Herausgeber Pfeil bedauert erst einmal die Mitglieder der Akademie der Wissenschaften in Berlin, die sich einen Vortrag mit 100000 Zahlen anhören, behalten und durchdenken sollen. Er will seine Leser davor bewahren und zerpflückt den Kern der Aussagen Doves nach allen Regeln der Kunst eines sehr erfahrenen Praktikers des Waldes, der für jede angenommene Regelhaftigkeit des Naturgeschehens ein Dutzend Abweichungen parat hat. Danach folgt die überraschende Empfehlung, Dove zu lesen:

»Wenn wir auch nicht mit allen Schlüssen einverstanden sind, die Herr Dove aus seinen Zahlen ziehet, so erkennen wir doch bereitwillig den Werth dieser mühsamen Arbeit, nicht bloß in rein wissenschaftlicher, sondern auch selbst in praktischer Beziehung für das Studium der Meteorologie an, und fordern unsere Leser, die sich überhaupt für diese Wissenschaft interessiren, auf, sich nicht durch diese große Masse von Zahlen abschrecken zu lassen und dem Inhalte des Buches ihre Aufmerksamkeit zu schenken, da sie ja die Tabellen leicht oberflächlich übersehen und sich mehr auf die daraus gezogenen Resultate beschränken können.«[127]

Pfeil hat das Buch für die Meteorologen unter den Forstleuten empfohlen. Auf die Idee, Doves Untersuchung könnten der Forstwirtschaft Anregungen geben, ist er nicht gekommen, und er hat den Hinweis Doves auf den Regenwald nicht erwähnt, in dem eine deutliche Kritik an einer Entwaldung versteckt war, die schutzlos gewordene Flächen austrocknen lässt. Andere, deren Namen heute kaum noch jemand kennt, waren da Jahre vorher schon viel dringlicher in ihren Appellen, den Wald nicht nur als Holzlager, sondern auch als Regulator des örtlichen Klimas zu sehen und die Belange der Landwirtschaft in der Bewirtschaftung der Wälder auch unter diesem Aspekt zu berücksichtigen.

Zu ihnen gehört Adam Peter Reuter (1794-1873), Sohn eines Bauern in Kleinostheim bei Aschaffenburg, der als Professor für Mathematik und Geografie in Aschaffenburg 1836 in der *Allgemeinen Forst- und Jagdzeitung* Überlegungen zum »mittelbaren Wert der Waldungen über die landwirtschaftliche Produktion« anstellt. Für die Grundbedürfnisse des Menschen, Luft, Wasser, Speise, Holz sind die Wälder »von hoher Bedeutung« wegen ihres »mittelbaren und unmittelbaren Werthes, welchen letzteren sie durch ihre mächtigen Einwirkungen auf die Temperatur und Feuchtigkeit der atmosphärischen Luft und des Bodens, auf die Regenmenge und die Fruchtbarkeit einer Gegend, auf die Quantität und Qualität der landwirthschaftlichen Erzeugnisse, auf die Gesundheit der Menschen und Thiere, auf den gesellschaftlichen Zustand, endlich auf die Staatswohlfahrt überhaupt in einem weit größeren Maaßstabe erhalten, als durch die unmittelbaren Erträgnisse«.

Er fordert Forstleute und Finanzmänner dazu auf, diesen Aspekt viel stärker zu berücksichtigen, statt den Verkauf des Holzes als alleinige Quelle des Einkommens zu betrachten. Den Konflikt mit den Landwirten um die Waldstreuentnahme betrachtet er als ein Beispiel dafür, wie beide, Acker und Forst leiden, wenn durch Entfernen der Streu Wälder verkümmern und dadurch die Äcker ihrer Feuchtigkeit beraubt werden. Um zu zeigen, wie wichtig die Wälder für ein gutes Wachstum der Ackerpflanzen sind, dreht er die Beweislast um und sieht sich an, unter welchen Temperaturbedingungen Pflanzen am besten gedeihen. »Je länger und gleichförmiger die Wärme, das Licht und die Feuchtigkeit anhalten, desto mehrere und edlere Pflanzen, in desto größerer Quantiät und Qualität werden die landwirthschaftlichen Produkte gewonnen«. Es komme also auf die klimatischen Verhältnisse einer Gegend an und die beeinflusse der Wald am effektivsten »als Wärmeleiter zwischen den Luftschichten«. Die Nationalökonomie solle daher »die Waldungen nicht allein in bezug auf ihre natürliche und künstliche Erziehung, auf das Fällen und zweckmäßige Verwerthen des Holzes betrachten, sondern vor allem darauf sehen, an welchen Stellen statt des Waldbaues besser Ackerbau und umgekehrt betrieben werden müsse«. Auf den Bergen müsse es Wälder geben, in den Ebenen könnten sie für Ackerland weichen. Der Hinweis auf andere Länder, wo Entwaldungen schwere Zerstörungen verursacht haben, soll die Dringlichkeit seiner Forderungen unterstreichen. Auch in Deutschland findet er genügend Beispiele, wo durch Entwaldung kein Weinanbau mehr möglich war und Obstbäume erfroren.[128]

In eine etwas andere Kerbe schlägt Johann Carl Ludwig Schultze (1796-1872), Forstschreiber in Stadtoldendorf in der Nähe von Holzminden. In seinem Lagebericht »Über den gegenwärtigen und zukünftigen Stand der Forstwissenschaft« von 1841 betrachtet er Entwaldungen als ein Problem, das Forstwirte mit »wissenschaftlicher Holzzucht« unter Berücksichtigung physikalischer und klimatischer Bedingungen angehen sollen:

»Ein vergleichender Blick in die Vergangenheit zeigt die fortschreitende Abnahme der Waldungen im Verhältnisse der zunehmenden Bevölkerung, der gesteigerten Industrie und des vermehrten Luxus, wovon ein stets größerer Holzbedarf die nothwendige Folge war. In den Zeiten des Waldüberflusses waren Waldrodungen eine ganz zeitgemäße und begreifliche Maßregel, der nun aber Einhalt zu thun in den veränderten Zeitverhältnissen liegt, umso mehr als die Erkenntnis immer mehr wächst, da *geschlossene* Waldungen in einem angemessenen Verhältnisse, und zwar vorzugsweise an Gebirgen, nicht nur der Holzproduction, sondern auch physikalischer, besonders klimatischer Rücksichten wegen, für das Heil der Völker wichtig, ja selbst unerläßlich sind. Der Zeitpunkt also, wo die Verminderung des Waldes im Allgemeinen Nachtheil bringt muß jedenfalls endlich einmal als unausbleiblich angenommen werden; es bleibt nur zu untersuchen, ob in Deutschland dieser Zeitpunkt nahe, vielleicht gar schon eingetreten sei?« Und er hat bemerkt: »Die Schranken der Stände sind in Ansehung der Bedürfnisse verrückt,« mit anderen Worten, sie sind in Bewegung und befinden sich wegen zunehmender Bevölkerung und Industrie und höherer Ansprüche in Auflösung.

Der Holzpreis zeige, dass die Krise da ist. Er habe sich verdoppelt bis verdreifacht, vielerorts herrsche Holzmangel.

»Seit einer Reihe von Jahren fanden beträchtliche außerordentliche Holznutzungen durch Gemeinheitstheilungen, Servitudablösungen und Waldrodungen statt, während Bestandsumwandlungen noch mehr dazu beitrugen, das Angebot zu vermehren, durchaus reichlichst fließende Quellen für den Markt, die allmählig versiegen, und in dessen Folge die Holzpreise immer mehr steigen werden.«

Zwar käme durch die Eisenbahn Holz aus immer entfernteren Gegenden, es würden Brennholzsurrogate wie Torf und Steinkohle eingesetzt, aber das helfe dem Bauholzbedarf nicht auf die Sprünge. Viele Forstleute hätten noch nicht gelernt, den Wald intensiv zu bewirtschaften, eine wissenschaftliche Holzzucht zu betreiben und für standortgerechte Bäume zu sorgen. »Der Forstmann muß stets die Zukunft im Auge behalten.«

»Schon erheben sich, noch mehr befördert durch den steigenden Waldwerth, selbst unter den besseren Landwirthen, Stimmen gegen den ungemessenen Raub des abfallenden Laubes aus dem Walde, und vor allem ist noch zu bemerken, daß auch die physischen Zwecke des Waldes in dem großen Haushalte der Natur mehr und mehr in ihrer Wichtigkeit anerkannt werden«.[129]

Entwaldungen waren nicht nur ein Problem der Berge, wo die Auswirkungen schnell und brutal spürbar wurden. Heinrich Christian Clairaut Petersen (geb. 1795), »Physicus in Eckernförde«, hat in Schleswig gegen eine Wanderdüne selbst Hand anlegen und sie mit 2000 Tannen bepflanzen lassen und dringend »lebende Hecken« empfohlen, um den Wind zu brechen. Er sah atmosphärische und klimatische Bedingungen am Zerstörungswerk beteiligt, wenn große Waldflächen verschwinden. Mit dem Thema beschäftigten sich auch die Kritischen Blätter Pfeils 1849.[130]

Die schweizerische gemeinnützige Gesellschaft, eine Art Denkfabrik für praktische Hilfen zugunsten des Allgemeinwohls, hatte 1834 mit ihrem ersten öffentlichen Auftritt die Geldsammlung für die Geschädigten der Unwetterkatastrophe im Voralpengebiet koordiniert und wollte nun wissen, wie sie zukünftig zu vermeiden wären. Sie beauftragte 1842 den Geologen Charles Lardy (1780-1858), Chef der Verwaltung der Wälder im Kanton Waadt und Mitglied des Rates für die Minen und Salinen, mit einer Denkschrift über die Zerstörung der Hochalpenwälder. Lardy sah die Ursachen einmal mehr in der Weidewirtschaft, in Abholzungen und in einer fehlerhaften Forstwirtschaft.[131] Mehrere Exemplare seiner Denkschrift wurden vom Kanton St. Gallen aufgekauft und in den Gebirgsgemeinden verteilt.[132] Der Einfluss der schweizerischen gemeinnützigen Gesellschaft auf die Bildung einer nationalen öffentlichen Meinung noch vor der Gründung des Bundesstaates 1848 ist nicht zu unterschätzen. Sie konnte Druck für ein gemeinsames Vorgehen über die oft engstirnigen Kantonsinteressen hinaus aufbauen, so wie in diesem Fall. Der eine Kanton holzte ab, der andere wurde überschwemmt, und in beiden saßen Leute an der Regierung, deren ganze Regierungskunst darin bestand, die hergebrachten Maximen der privilegierten Kaste anzuwenden. »Der Schlendrian saß im Rathe, der Schlendrian saß in den Gerichten ... eine hohle Nuß am dürren Baume einer geistlosen Routine« und von »vornehmthuender Unwissenheit«, so Casimir Pfyffer von Altishofen (1794-1875), Mitglied des »Grossen Rats von Luzern«, in seiner Präsidialrede vor der *Helvetischen Gesellschaft* in Schinzach 1831.[133]

Das Emmental und der Aufschrei eines Forstwirts

Als der Kantonsforstmeister von Bern, Xavier Marchand, sieben Jahre nach Lardy eine weitere Denkschrift, diesmal an die Direktion des Inneren des Kantons Bern, veröffentlichte, war das Problem unter den Verantwortlichen längst bekannt und seine Lösung im Widerstreit der Interessen begraben worden. Anders als seine Vorgänger benannte Marchand nicht nur die direkt für die Schäden Verantwortlichen, sondern auch diejenigen, die über Besitz- und Pachtverhältnisse involviert waren, und Theoretiker eines verabsolutierten Privatinteresses mit ihren Agenten in Regierung und Beamtenapparat. Er konfrontierte sie mit dem tatsächlichen Verhalten der Menschen, die er seit seiner Jugend im Jura sehr gut kannte. Seine Attacken waren für alle Beteiligten schmerzhaft. Zuerst nahm er sich das Emmental vor, das immer wieder von schweren Überschwemmungen heimgesucht wurde.

Doch hier zunächst eine kurze Einführung in die Vorgeschichte der Probleme im Emmental aus verschiedenen Schweizer Quellen und mit einer Karte (siehe S. 150).

Waldbesitzer waren in der Schweiz in der Regel die anliegenden Gemeinden für den naheliegenden Wald, die übrigen, als Hochwälder bezeichneten, gehörten der Obrigkeit und dienten der Versorgung der Städte mit Bauholz. Sie wurden aber auch »aus Gnade, nicht aus Recht« verliehen an die Gemeinden, an Private und an Unternehmer, die sie abholzten und bis ins Ausland verkauften. »Diese Vorgänge führten auch in abgelegenen und schwach besiedelten Gebieten zu Holzknappheiten. So soll um 1749 das Holz im Emmental so rar gewesen sein wie in Bern selber. Ausgeführt wurden alle Arten von Holz: Langholz, Trämel (Scheitholz), Bohlen, Bretter, Riegel- und Rafenhölzer (Bäume mittlerer Stärke), ausgehauenes Küfer- und Wagnerholz, Zaunholz und Latten, Schindeln, Rebstecken, Rechenmacher-, Drechsel- und Küblerwaren.«[134]

Abbildung 103: Die Schweiz, nebst den angrenzenden Theilen von Oberitalien, Savoyen und Tirol, Handbuch für Reisende. Karl Baedeker, Coblenz 1869. Der Ausschnitt wird im Westen begrenzt von Freiburg, Bern, Solothurn, im Norden von Aarau und Zürich, im Osten von Chur, im Süden vom Thuner See und dem vorderen Rheintal. Das Emmental gehört zum Kanton Bern. Die Emme entspringt in der Gegend des sieben Kilometer langen Hohgant-Massivs, das sich von Südost nach Nordwest erstreckt. Auf der Karte ist der schmale Grat etwas nordöstlich vom Thuner See als feiner Strich erkennbar. Die Emme fließt anfangs tief eingeschnitten durch die Berge der Berner Voralpen nach Nordwesten, bevor sie, breiter werdend, in die Hügellandschaft des Emmentals eintritt und sich nach 82 km nordöstlich von Solothurn mit der Aare vereinigt. Die Berge im Quellgebiet bestehen wie in Goldau aus einer Mischung von Molasse und Mergel mit Kalkbänken, die von Spalten durchzogen sind und sich in große Höhlensysteme wie beim Hohgant erweitern. Bei Starkregen in diesem Gebiet kann die Emme innerhalb weniger Stunden um das 20- bis 30-fache anschwellen, und eine riesige Flutwelle mit Geröll, entwurzelten Bäumen, abgerissenen Grasnarben und Uferböschungen rast ins Tal.

Durch Flößerei und Trift entstanden gewaltige Schäden an den Uferböschungen. Der Kanton Bern verbot erst 1870 die Flößerei auf der Emme, zu einem Zeitpunkt, als dies längst nicht mehr die bevorzugte Transportart war. 1824 begann als eine der ersten Ortschaften in der Schweiz der Weiler Längebach in Lauperswil in der Nähe von Langnau im Emmental mit der Talkäseproduktion, die als bedeutende Einnahmequelle bis 1850 das ganze Emmental erfasste, und die Bauern von der Getreideproduktion und der Pferdezucht zur Milchwirtschaft wechselten. Das Vieh brauchte immer größere Weideflächen.[135]

Die erreichbaren Wälder waren völlig zerstört, das Flussbett der Emme verstopft, Ergebnis der schweren Überschwemmungen in den letzten einhundert Jahren. Im Sommer 1764 stand Langnau unter Wasser, im Juni 1781 war das Emmental erneut überschwemmt, aber am schlimmsten war die von Jeremias Gotthelf sogenannte »Wassernoth im Emmental am 13. August 1837«, das Emmental von Eggiwil bis zur gestauten Aare ein einziger Sumpf, auf zwei Dritteln seiner Länge. Von 1600 bis 1900 zählte man 56 große Überschwemmungen im Emmental, in den 1850er Jahren reihte sich fast Jahr für Jahr eine an die andere.[136] Auch viele andere Kantone waren betroffen, zum Beispiel 1834 Graubünden, Wallis, Tessin und Uri, 1839 die Täler der Reuss und 1846 wieder die Reuss, dann der Rhein, die Rhone und vor allem die südlichen Täler.

Das war die Lage, in der Xavier Marchand als Inspekteur der Wälder des Jura im Kanton Bern eine Denkschrift verfasste, die dem bekannten Szenarium mit einer Beschreibung der menschlichen Triebkräfte zur Selbstzerstörung zu Leibe rückte. Seine Analyse ging hart ins Gericht mit politisch Verantwortlichen und ökonomisch Unverantwortlichen, mit der Trägheit der Bergbewohner und ihrer Kumpanei mit Spekulanten, genauso wie mit Forstleuten, die sich missbrauchen ließen.[137]

Abbildung 104: Xavier Marchand (1799-1859) um 1847. *Musée de l'Hôtel-Dieu, Porrentruy.* Marchand war das elfte Kind einer Bauernfamilie in Soubey im Schweizer Jura im Tal des Doubs an der französischen Grenze, hatte zwei Jahre in Freiburg/Breisgau bei Karl von Rotteck, einem Historiker und Ökonomen, vergleichende Geographie, Geschichte und Nationalökonomie studiert, war dann in Wien Hauslehrer bei der polnischen Magnatenfamilie Potocki geworden, deren Sohn (wahrscheinlich Alfred) er an die Universität nach München begleitete. Dort geriet er mit den Forstwissenschaften in Berührung. Es folgten Reisen mit Potocki in die Ukraine, nach Italien und in verschiedene Teile Deutschlands. Nach seiner Rückkehr in den Jura 1832, in den Distrikt von Porrentruy (Pruntrut), nicht weit von seiner Heimat, wurde er Inspekteur der Wälder des Jura, Mitarbeiter beim *Journal de l'Helvétie*, Abgeordneter im großen Rat der Zweihundert und Promoter einer Lehrerausbildung im Jura. 1847 von der radikalen Regierung zum Kantonsforstmeister von Bern gewählt und 1850 von der konservativen Regierung durch die kalte Liquidierung seiner Funktion als Inspekteur aus dem Amt entfernt, war er 1855 bis zu seinem Tod 1859 Professor für die französische Sprache in den Forstwissenschaften an der ETH Zürich.[138]

Marchand hat seine Denkschrift zuerst in der von dem Geologen Jules Thurmann mitbegründeten *Société jurassienne d'Emulation* (Jurassische Gesellschaft des Wetteiferns) präsentiert, anschließend vor den in Burgdorf im Kanton Bern versammelten schweizer Förstern. Der Erfolg war durchschlagend. Der Rat des Canton de Vaud (Waadt) nördlich des Genfer Sees, wo der mit seiner Denkschrift oben genannte Charles Lardy Chef der Verwaltung der Wälder war, ließ 400 Freiexemplare an die Verantwortlichen für den Wald, an Kommunen und Mittelschulen verteilen.

Ausgangspunkt seiner Denkschrift war das Gesuch eines Waldbesitzers, zwölf Morgen roden zu dürfen, was ihm vom Regierungsrat verweigert worden war. Ein erneutes Gesuch lehnte der Oberförster des Bezirks ab, aber der Domänen- und Forstverwalter sei »nicht bloß geneigt, die gewünschte Erlaubnis zu ertheilen, sondern er geht noch weiter und beantragt eine Abänderung des Gesetzes in der Richtung, daß jedem Waldbesitzer erlaubt sein solle, seine Waldungen ungehindert nach eigenem Gutdünken urbar zu machen«. Auch der Herr Justizdirektor habe sich den irrtümlichen Auffassungen der beiden angeschlossen, »die das größte Unglück nach sich ziehen müßten«. Daher wird Marchand gleich zu Beginn seines Gutachtens prinzipiell. Jede Gesellschaft habe das Recht, »den freien Genuß des Privateigenthums allerlei Beschränkungen zu unterwerfen«. Das gelte auch für den Waldbesitz unter Berücksichtigung der Bedürfnisse der Konsumtion durch Heizung, Eisenwerke, Fabriken und Bauten. Aber beim Wald gebe es Interessen der Allgemeinheit, die berücksichtig werden müssten, wie die »der öffentlichen Erhaltung und Gesundheit, die Einflüsse, welche die Wälder auf die meteorologischen Erscheinungen ausüben, das Hindernis, das sie den gefährlichen Winden entgegenstellen, ihre Einwirkung auf die Bildung der Quellen, endlich ihre Nützlichkeit, um Lawinen, Erdstürze und Senkungen des Bodens auf den Abhängen zu verhüten«.

Der Eigentümer habe kein Recht auf Missbrauch. Die Gesellschaft garantiere sein Eigentumsrecht und erwerbe sich dadurch das Recht, »an seinen Schutz gewisse Bedingungen zu knüpfen«. Und es gehe um einen Generationen übergreifenden Schutz: »... daß das hundertjährige Wachsthum der Wälder diese Besitzungen in eine andere Classe versetzt, als die gewöhnlichen Arten von Eigenthum, und daß die Regierung das Recht, sondern sogar die Pflicht hat, das Werk der vorhergehenden Generationen, die Hoffnung und die Sicherheit der zukünftigen, vor den Launen einer einzelnen Generation zu bewahren.« Der Waldbesitz sei mit einem Servitut zum Vorteil der ganzen Gesellschaft belastet, und das sei schon immer so gewesen, viele Jahrhunderte.

»Aber welches sind denn die Wälder, deren Erhaltung für den Landbau, und selbst für andere allgemeine Interessen von so hoher Wichtigkeit sind, daß sie unter den Schutz der Regierung gestellt werden müssen?« Marchand kommt zu keinem eindeutigen Ergebnis, da sich ihm beim Studium der Gesetze die Schwierigkeiten einer exakten Definition vervielfachten. Das Publikum scheine allerdings zu meinen, dass, wem nach einer Urbarmachung noch Wald übrig bleibe, ihm die Erlaubnis zur Rodung zu erteilen sei, »als ob die Regierung verpflichtet wäre, ihm die Speisen zu kochen!« Es gebe »eine Klasse von Leuten, ... die in den Wäldern nur die Produktion des Holzes erblicken, die von dem Leben eines Baumes nur das Wachsthum kennen und infolge dessen nur seinen Leichnam schätzen; und mit einem Worte alle diejenigen Oekonomisten, die in ihren naturwissenschaftlichen Studien nicht über das ABC hinaus gekommen sind«.[139]

Nach der Positionierung in der Eigentumsfrage folgt die Beschreibung der Klimaänderungen nach Waldrodungen. Sehr ausgedehnte Wälder machten die Luft kalt und nass, so wie in Russland und im Germanien des Tacitus. Sie warteten nur auf die Hand des Menschen, die sie zerstörte, und die Menschen fanden in der in Jahrhunderten aufgehäuften Erde genügend Mittel, um sich zu ernähren. Aber inzwischen griffen Kultur und Weiden immer weiter um sich und führten die Wälder »auf so enge Grenzen zurück, das das Holz zuletzt in das umgekehrte Verhältnis zu den Bedürfnissen jedes Volkes zu stehen kommt«. Diese Zerstörung sei ein Vorläufer des Verfalls von Nationen und der Bildung von Wüsten. Dabei könnten die kultivierten Länder einen großen Vorteil daraus ziehen, wenn die Wälder in Harmonie mit den Naturgesetzen verteilt würden.

Denn die Wälder »ziehen die Gewitter an und vertheilen sie zu wohlthätigen Regen; sie nähren die Quellen und Bäche ... sie vermindern die Anzahl der Wasser, die auf Oberfläche des Bodens fließen; sie saugen mit ihren Blättern die tödtlichen Miasmen und das verderblliche Gas ein, sie geben der Luft ihre Frische und Reinheit wieder; sie bedecken die Gipfel der Berge, erhalten und befestigen den Boden auf den jähen Abhängen der Hügel; sie mäßigen die Heftigkeit der eisigen Winde des Nordens und die Wirkungen der brennenden Luft des Südens ... sie verkleinern die Temperaturunterschiede zwischen dem Tag und der Nacht, zwischen den warmen und kalten Tagen, ja ich möchte sagen, zwischen den Jahreszeiten«.[140] Marchand fragt nun seine Gegner, ob alle diese Vorteile der Wälder ein Eigentum ausmachen, und ob dieses Eigentum nicht älter sei als der Grundbesitz.

»Läßt es sich wohl annehmen, daß einige Wälderbesitzer, mit dem Zivilcodex in der Hand vor ein ganzes Volk zu treten und ihm zu sagen: Wir haben das Recht, euch all der Vortheile zu berauben, mit welchen die Natur euch bis auf den heutigen Tag bedacht hat; wir haben das Recht, eure Berge öde, eure Ebenen unbewohnbar zu machen, sobald wir bei dieser Veränderung unsern persönlichen Vortheil finden«.

Natürlich nicht. Das würde keiner wagen, angesichts der vielen abschreckenden Beispiele aus Kleinasien, Teilen von Ägypten, Griechenland, den Kapverdischen Inseln, dem Süden Frankreichs, der Bretagne und Champagne, deren Folgen auch die angrenzenden Gebiete treffen. Der Bergschutt verrammele die Flüsse, und das Wasser ergieße sich über das angebaute Land, lagere Sand und Kies ab oder mache es zu einem Morast, siehe das Emmental und die Aare bis zum Brienzer See. Man sehe die Überschwemmungen im südlichen Frankreich 1840 und 1841 und die in der Schweiz 1831, 1834 und 1839. Herr Escher von der Linth habe die Ursachen ganz hinten in den Tälern ausgemacht, »im Hintergrund des Emmenthals und in der Vernachlässigung der Bergwasser und Forstpolizei im dortigen Thale«.[141] Seit 1792 hätten französische Verwaltungsbeamte immer wieder über die desaströsen Folgen der Entwaldungen berichtet, von der Isère, der Drôme, den Hochalpen. Marchand hatte die Apenninenkette von Genua bis weit nach Osten gesehen: Erdstürze, unfruchtbare Berge, überflutete Täler. Die pontinischen Sümpfe ein Erbe der Entwaldung durch die Römer. Das Bett der Emme mit Geschiebe und Gerölle angefüllt, Massen von Erdreich dem Landbau durch ihren gewalttätigen Lauf entrissen.[142]

Von den Höhen konnte er das ganze Ausmaß der Entwaldungen überblicken. Blankes Entsetzen. Marchand »schleudert einen Fluch gegen alle Regierungen, welche seit etwa einem Jahrhundert bis auf den heutigen Tag dieses Land verwaltet haben«. Was er auf seinem Weg von Lützelflüh und Langnau, weiter in die Nebentäler der Emme bis in den Bezirk von Interlaken und entlang der Ilfis bis hinter Marbach zu sehen bekam und wie er sich dazu geäußert hat, ist am besten zu beschreiben mit Hilfe der Abbildungen und einer Karte.

Abbildung 105: Das obere Emmental zwischen Burgdorf, Langnau, Trub und dem Berg Napf im Osten, in dem Marchand unterwegs war. Reliefkarte des Kantons Bern. Ausschnitt. NASA Shuttle Radar Topography Mission (public domain). SRTM3 v.2. Benutzer Tschubby. Abgerufen am 10.5.2020. Von unten nach oben fortschreitend sieht Marchand Urbarmachung, d.h. Entwaldung, selbst auf steilen Hängen mit 45° Gefälle. Danach folgt ein kleiner, oft durchbrochener Waldstreifen und darüber ist wieder alles kahl. In dieser Zone hat die Entwaldung die größten Schäden angerichtet. Solche Geröllhänge lassen sich nie wieder bewalden. Auf ihnen bilden sich vom Wasser eingegrabene »tiefe Geschwüre«. Folge: Wassermangel, weil das Wasser nicht mehr in den Boden dringen kann und die Quellen versiegen, und Sturzbäche bei Regen. Der bessere Teil des Emmentals wird in einen Sumpf verwandelt, ein anderer von Kies und Schutt bedeckt. Marchand zieht den Schluss: die Wiederbewaldung ist billiger als der Bau und Unterhalt von Dämmen.

Abbildung 106: Langnau. Joseph Nieriker (1828-1903) Farblithografie 36 x 58 cm. Der Fluss im Vordergrund ist die Ilfis, die kurz hinter Langnau in die Emme fließt. An der Iflis entlang ist Marchand, den Verzweigungen der immer enger werdenden Bäche folgend, nach oben gestiegen. Die Hügel in Ortsnähe sind für Viehweide auch an Steilhängen, zum Teil unter Einschluss der Kuppen fast vollständig entwaldet, nachdem man im Emmental zur Käseproduktion im Tal übergegangen war und den Viehbestand auf Kosten von Getreide und Pferdezucht drastisch erhöht hatte. Mit Käse war viel Geld zu machen, der schon mit dem Zug, der hier an der Ortschaft vorbeidampft, zum Verbraucher gelangte. Die Lithografie ist wahrscheinlich zwischen 1864, dem Jahr der Eröffnung der Bahn Gümligen–Langnau und 1875, der Vollendung der Strecke bis nach Luzern, entstanden.

Abbildung 107: Niklaus Sprüngli (1725-1802), Burgdorf, Aussicht vom Gyrisberg nach 1784. Aquarell 29,7 x 43,3 cm. Entnommen aus Burgdorfer Jahrbuch 1967, S. 16. Das Schwemmland der Emme, auf dem sich das durch gewalttätige Überschwemmungen angespülte Geröll ablagert, das Niveau des Flussbetts erhöht und immer weiter einengt. In Burgdorf hat Marchand 1849 den schweizer Förstern seine Denkschrift referiert.

Abbildung 108: Blick auf die Lushütten Alp vom Berg Fahrni-Esel 1839. Johann Scheidegger (1777-1858), aquarellierte Federzeichnung 35,5 x 51,5 cm. Privatbesitz. Aus Burgdorfer Jahrbuch 1987, S. 36. Die Alp mit ihren drei Weiden gehört zur Gemeinde Trub und liegt auf 1339 Meter Höhe. Der kahlgeschorene halbrunde Berg ist der Napf. Trub ist nur 5 km Luftlinie von Langnau entfernt. Xavier Marchand wanderte von Langnau aus die kleinen Bachtäler bis zu den Höhen nördlich und südlich des Ortes, hat das Geröll in den ausgetrockneten Bachbetten beschrieben und die Bewaldung der Berge in drei Zonen eingeteilt. »Je weiter man in den Verzweigungen all' dieser Thäler hinaufkommt, die sich bei jedem Schritt in Zacken theilen, umso ermüdender für das Auge wird der traurige Kontrast, daß man so wenig Wasser und doch überall Verheerungen und Unglücksfälle sieht, welche durch das Wasser angerichtet worden sind«.[143] Von den Höhen aus kann man sich diesen scheinbaren Widerspruch erklären.

Unten die Zone der Agrikultur ganz ohne Waldbäume. Sie ist weit über die von der Natur festgesetzte Grenze hinaus vergrößert worden. Darüber käme eigentlich die des Waldes, aber auch hier, selbst in den steilsten Hängen, ist der Wald von Urbarmachung durchschnitten. Blickt man nach oben, sieht man nur noch einen schmalen Waldstreifen, denn die höchste dritte Zone mit ihren gerundeten Gipfeln ist vollkommen kahl. An den entblößten Steilhängen wächst außer ein bisschen Heidekraut fast nichts mehr, die fruchtbare Erde ist weggeschwemmt, und es ist unmöglich, diese beweglichen Kieshänge erneut zu bewalden. »Jede Verletzung im Boden wird zu einem krebsartigen Geschwüre, das immer tiefer dringt und zuletzt einen Einschnitt bildet, welcher bald die Dimensionen einer Schlucht annimmt«. Was Marchand gesehen hat, war die Folge einer besonderen Form der Alpweide, die hauptsächlich im Emmental praktiziert wurde, das Küherwesen.

Abbildung 109: »Auszug der Emmenthaler Küher auf die Alp« mit Schloss Brandis, Lützelflüh und Emmebrücke vor 1798. Kupferstich von Franz Hegi nach Gabriel Lory in den »Alpenrosen, ein Schweizer-Taschenbuch auf das Jahr 1822«. 10,6 x 16,5 cm. Das Patriziat der Stadt Bern kaufte die kultivierten Kuhalpen als Geldanlage, die Küher, ausgezahlte Söhne eines Talhofs, pachteten die Alpen, verkauften ihre Milchprodukte auf eigene Rechnung und mieteten im Winter eigens vorgehaltene Ställe im Tal. Stieg der Preis des Käses, dann auch der Zins für die Pacht und das Interesse der Patrizier und Küher an der Ausweitung der Weideflächen.[144]

Abbildung 110: Emmental Hotel Napf. Postkarte 1925. Ausschnitt. Blick vom Napf über die Lushütte auf die Gemeinde Trub. Die Erfolge der Aufforstung insbesondere auf den Kuppen der Berge sind nicht zu übersehen.

Abbildung 111: Emmental Räbloch: Die Alpen, in Natur- und Lebens-Bildern, dargestellt von H.A. Berlepsch. Tondruck nach Originalzeichnungen von Emil Rittmeyer. 4. Auflage. Jena 1871, S. 433. Ein Holzflößer seilt sich ab, um eingeklemmtes Schwemmholz in einem engen Einschnitt im Gebirge frei zu bekommen. Das Bild soll wohl den tessiner Gebirgsbach Brenno im Valle di Blenio darstellen, in dem lombardische Holzspekulanten im Verein mit verarmten Bauern die Holzeinschläge bis in die hintersten Berge vorangetrieben und die Alpensüdseite entwaldet haben. Die Emmeschlucht am Räbloch sieht ganz ähnlich aus, ist ebenso tief eingeschnitten und kann sich bei Hochwasser mit Geröll und abgerissenen Bäumen füllen, die den Abfluss vollständig blockieren, so geschehen auch noch 2014 und 2018. Sie liegt in der Nähe von Schangnau im oberen Emmental.[145]

Abbildung 112: Signau am Schüpbach, einem kleinen Nebenfluss der Emme, in der Nähe von Langnau. Postkarte wahrscheinlich um 1900. Das Muster der Entwaldung, wie sie Marchand beschrieben hat.

Im Jura sieht Marchand eine Übernutzung der Wälder durch Weide. Die sturen Bewohner des Berner Jura wollen ihre Gewohnheiten nicht ändern und halten sich nicht an Gesetze. Mit der Zunahme der Bevölkerung wurden diese Gewohnheiten gefährlich für den Wald des »Plateaus der freien Berge«. Jahrhundertelang hatte man nur einzelne Bäume entnommen, den Wald gelichtet, so dass dazwischen Gras und Kräuter wuchsen. Jetzt aber ist die Auflichtung so weit fortgeschritten, dass die Funktion des Waldes zusammengebrochen ist. Durch Überweidung unterblieb die Naturverjüngung. Hier wurden mehrere Berge entwaldet, ohne dass sich Kulturland ausbreitete. »Die milden Regen werden seltener, die Großregen und Gewitter häufiger und gefährlicher, die Sommer sind trockener, die Winter kälter, die Nordostwinde im Frühling schädlicher und die Spätfröste zahlreicher«.[146] An zahllosen Quellen erklärt er die Wirkung von Entwaldungen auf die Wasserversorgung.

Zu dieser Zeit verdienten die Kommunen des Jura eine Menge Geld durch den Holzverkauf an die Eisenindustrien im benachbarten Frankreich, besonders Audincourt bei Montbéliard und Lucelle direkt hinter der Grenze, aber ein Eisenwerk auf der schweizer Seite, hydraulisch betrieben, musste auf Dampfmaschine umstellen, um häufige Arbeitsunterbrechungen durch Stark- oder Niedrigwasser zu vermeiden. Eine Spinnfabrik musste schließen. Marchand befürchtet eine Entwicklung wie in einigen französischen Departements, wo sich durch Entwaldung die Wiesen verschlechterten und, statt mehr Vieh weiden zu können, die Herden mehr als halbiert werden mussten. Die Lawinen haben an vielen Orten drastisch zugenommen. Die Wege sind versperrt, und die Bewohner wissen nicht mehr, wie sie sich schützen sollen. Die Ursache ist auch hier das ungebremste Eigeninteresse einiger Waldbesitzer:

»Wer will zu behaupten wagen, daß dem Eigenthümer das unbedingte Recht zugestehe, aus seinem Eigenthume zu machen was er wolle? Wo wird sich ein vernünftiger Mensch in süßer Ruhe einlullen lassen durch die schönen Phrasen jener utopischen Oekonomisten, die unaufhörlich und in allen Tonarten predigen und rufen: Laßt die Leute gewähren, laßt sie urbach machen, das Holz ist genau so gut ein Produkt wie das Korn und die Kartoffel; das Interesse ist es, was den Menschen leitet; der Preis einer Waare ist es, was die Produktion derselben bestimmt; dieses Urbarmachungsfieber, worüber man klagt, beweist gerade, daß wir noch zu viele Wälder haben; wenn sie einmal in ihren gebührenden Grenzen zurückgeführt sein werden, so wird der Preis des Holzes dem Preis anderer Erzeugnisse des Bodens gleichstehen und die Holzproduktion reguliren. Dem Eigenthümer wird sein eignes Interesse nicht erlauben, die Urbarmachung zu weit zu treiben; dieses selbe Interesse würde ihn sehr bald veranlassen, neue Wälder anzupflanzen, falls er ihrer zu viele urbar gemacht haben sollte«.[147]

Diese sogenannte Gleichgewichtstheorie sei nichts weiter als ein Traum. »Nirgends sieht man Privatpersonen, die sich im Interesse einer um ein oder mehrere Jahrhunderte entfernten Nachwelt Entbehrungen auferlegen und wirkliche oder auch nur eingebildete Opfer zu bringen bereit wären«.[148] Dann beschreibt Marchand die Lethargie der Bewohner der Ardèche, wo schon ein Drittel des fruchtbaren Bodens vernichtet wurde, und die Trostlosigkeit im Piemont, und er sieht überall, dass selbst stark gestiegene Holzpreise oder ein unendlich weiter und mühseliger Transport auf dem Rücken oder mit Mauleseln die Bewohner nicht dazu bringt, den Wald wieder aufzuforsten, selbst dort, wo es, wie in Andermatt am Gotthard, möglich wäre. Manchmal genügen schon kleine Maßnahmen, zum Beispiel die Beweidung durch Ziegen einzuschränken, was nicht geschieht, weil die jetzigen Ziegen den Wald fressen und das gepflanzte Holz erst den zukünftigen Generationen zugutekommt. »Die Abwesenden sind immer im Schaden, wenn die Regierung sie nicht schützt«.[149] Und dann zitiert er Jérôme Blanqui (1898-1854) für die französischen Alpenregionen:[150] »Die Alpen der Provence sind schrecklich geworden«, aber in Frankreich hat man endlich mit der Wiederaufforstung begonnen.

Der studierte Nationalökonom Marchand hat gesehen, wie in einer von ultraliberalen Wirtschaftstheorien geprägten Zeit der bedingungslosen Verfügung am Waldeigentum immer größer werdende Teile der Wälder vernichtet wurden. Der träge und habgierige Mensch ohne Generationen übergreifenden Horizont funktioniert nicht entlang des Rechenexempels von Angebot und Nachfrage. Er benimmt sich im Wald eher wie eine Ziege, die das Futter frisst, das sie kriegen kann, und verhungert, wenn es nichts mehr zu fressen gibt. Dieses zutiefst traurige Bild des menschlichen Charakters hat Marchand beim Studium der Verwüstungen durch die Entwaldungen gewonnen und daraus den Schluss gezogen: Die Zukunftsfähigkeit einer Gesellschaft muss organisiert werden, wenn sie nicht an Tagesinteressen ihrer Mitglieder zugrunde gehen will. Seine Forderung nach Eingriffen in den profitablen Geschäftsgang von Angebot und Nachfrage haben ihm die Konservativen in Bern nie verziehen und ihn auf kaltem Wege seines Postens enthoben.

Unter den europäischen Forstleuten fand seine Analyse regen Widerhall. Marchand hatte den richtigen Ton getroffen, der ihrer verzweifelten Lage zwischen widerstreitenden Interessen gerecht wurde und ihnen das Gefühl einer großen Verantwortung für die nationale Wohlfahrt vermitteln konnte. Die *Allgemeine Forst- und Jagdzeitung* nannte seine Abhandlung »ein treffliches Schriftchen« und empfahl dringend seine Lektüre, »um auch Laien des Forstfaches die Bedeutung der Wälder und die Gefahren ihrer Vernichtung anschaulich zu machen«.[151] Marchand wurde häufig als Referenz genannt, oder man folgte stillschweigend seiner Argumentationslinie.

Abbildung 113 a-c: Diese drei Abbildungen des Dorfes Wald im Kanton Zürich im Abstand von jeweils ca. 50 Jahren, für die Elias Landolt als Oberforstmeister des Kantons von 1864 bis 1882 verantwortlich war, bieten die seltene Möglichkeit, das Fortschreiten der Entwaldung und die beginnende Wiederaufforstung zu dokumentieren. Anfang des 19. Jahrhunderts waren die Bergkuppen noch bewaldet, aber an einigen Stellen Steilhänge schon entblößt. Um die Mitte des Jahrhunderts gab es auf den Höhen nur noch dünnen Baumbewuchs, fast alle Abhänge jetzt bis in die Steillagen hinein kahlgeschlagen oder stark ausgedünnt, die links am Horizont erkennbaren Hügel am Zürichsee vollkommen kahl. Auf der Fotografie Ende des Jahrhunderts erste Anzeichen, dass auf einigen Hügeln die Wiederaufforstung erfolgreich war. Schon der Ortsname Wald deutet auf ein ursprünglich reiches Waldgebiet. Orte der Umgebung heißen Oberholz und Tann.

Abbildung 113 a: Jakob Kuhn (1740-1816) Ofenmaler. Ansicht des Dorfes Wald im Zürichgebiet mit dem Herrensitz Windegg. Zeichnung 18,8 x 27,6 cm. Zentralbibliothek Zürich.

Abbildung 113 b: Wald. Lithografie zwischen 1859 und 1870. 28,9 x 43,8 cm. Zentralbibliothek Zürich.

Abbildung 113 c: Wald nach 1893. Foto Gelatineabzug 11,8 x 16,9 cm. Im Vordergrund die Weberei Felsenau. Sie wurde 2014 liquidiert. Zentralbibliothek Zürich.

Nach Marchand: Was ist Klima?

Die Entfernung Marchands von seinem Posten als Verantwortlicher für die Wälder des Kantons Bern hat die Debatte nicht beendet. Einer, der der Argumentation Marchands folgte, war das Mitglied der schweizerischen Naturforschenden Gesellschaft Johann Jacob Siegfried (1800-1879). In einem Buch über den Schweizer Jura, das als Lehrbuch für Schüler der höheren Klassen gedacht war und viele junge Leute sensibilisieren konnte, schreibt er, dass in dem durch seine Überschwemmungen (»Wassernoth«) traurig berühmten Emmental:

»... fast alle Waldungen Privateigenthum, die Abholzung daher fast vollständig; die Gegend hat auch ein ganz anderes Aussehen als sonst die Jurathäler. Ein Theil des abgeschälten Bodens ist in Weide verwandelt, ein anderer liegt unbenutzt da oder ist völlig unbrauchbar geworden. Bei jedem Regen treten die Gewässer aus und reißen Brücken und Stege mit sich. Und doch hat dieser beklagenswerthe Zustand noch nicht die Größe dessen erreicht, an dem die Freiberge (des Jura, H.V.) leiden. Hier ist es nicht die Urbarmachung des Bodens, sondern die Gemeindsatzung, welche die Schuld trägt und welcher die Waldung geopfert wird, ganz in derselben Weise wie vor Jahrhunderten, als die Bevölkerung noch dünn und der Viehstand von geringer Bedeutung war. Damals wurden die Wälder immer so ausgehauen, dass da und dort sich einzelne leere Stellen bildeten, die sich mit Gras bekleideten, und daß das Vieh überall von Wald umgeben gegen kalte Regen und Winde in dieser hohen Berggegend Schutz finden konnte. Wie aber mit der überhand nehmenden Bevölkerung auch die Wälder stärker gelichtet wurden und den stets wachsenden Heerden die Weideplätze nicht mehr genug Nahrung darboten, wurden auch die Wälder von ihnen angegriffen, und es ist so weit gekommen, dass seit dreißig Jahren kein junger Baum mehr nachwächst, ja in einigen Gegenden 30-40jährige Stämme eine Seltenheit geworden sind. Dieser traurige Zustand steigert sich fortwährend; denn in den letzten 25-30 Jahren ist mehr Wald umgehauen worden als die Gesammtmasse dessen beträgt, der noch das Plateau kleidet. Bemont bei Saigne-Legier z. B. ist jetzt schon so holzarm, dass bereits vor einigen Jahren strenge Maßregeln im Interesse der Holzersparung getroffen wurden und den Berechtigten nur alle zwei Jahre ein Antheil Holz verabfolgt wird; dessen ungeachtet wird auch diese karge Gabe noch zurück gezogen werden müssen. Aber der Anpflanzung steht immer wieder das Weidrecht entgegen! (Klima und Vegetation. Die Ergebnisse aus langjährigen Untersuchungen über Klimatologie und Vegetation des Jura sind in dem oben angeführten Werke J. Thurmanns niedergelegt worden«.[152])

Der Geologe und Botaniker Jules Thurmann (1804-1855), wie Marchand Mitglied der *Société jurassienne d'Emulation,* untersuchte die Pflanzen des Jurakalksteins unter dem Aspekt von Klima und Boden und verglich sie mit dem kristallinen Gestein und dem Sand der Vogesen und des Schwarzwaldes, dem vulkanischen von Hegau und Kaiserstuhl, der Molasse des schweizer Beckens und dem Schwemmland von Rhein und Saône. Klima war für ihn »eine komplexe Funktion aller meteorologischer Daten« und die Felsunterlage des Bodens bestimmend für dessen Eigenschaften. Beide, Klima und Boden reagieren aufeinander, wodurch bedeutende lokale Unterschiede entstehen. Der Wassergehalt der Atmosphäre und die Regen- und Schneetage, der Jahresrhythmus der Pflanzen und ihr Verschwinden mit zunehmender Höhe sind Ausdruck klimatischer Veränderungen.[153]

Mit Thurmann teilt Siegfried das Klima des Jura und seiner Umgebung in fünf Zonen zwischen einer Jahresdurchschnittstemperatur von weniger als 8° bis 12° C ein[154] (siehe S. 166).

Die Sonnenwärme beeinflusst nach Siegfried die Temperatur des Wassers der Quellen, und diese Wärme teilt sich dem festen Kalkgestein leichter mit als dem porösen. Aber die Datenlage ist noch zu dünn, um daraus eine Gesetzmäßigkeit abzuleiten. Die Untersuchung der Flora bietet Anhaltspunkte, wenn auf Bergen niedriger Höhe ein Pflanzenwuchs zu finden ist, der eher einer höheren Region entspricht. Normalerweise beginnt bei 700 m Höhe mit der Rottanne die Bergregion. Die Rottannenwälder reichen bis 1100 m, danach folgt meist die Weißtanne oder eine strauchige Form der Rottanne. Die Weißtanne wiederum wächst auf einer großen Bandbreite, auch in 200 m Höhe. Die Buche schafft es bis 900 m Höhe, Kastanie und Nuss bis 600 m. Die Begrenzung des Höhenwachstums ist Ausdruck für die Keimfähigkeit bei sinkenden Temperaturen, bis eine Naturverjüngung nicht mehr möglich ist. Siegfried nennt Naturverjüngung »freiwillige Besamung«. Einen weiteren klimatischen Hinweis gibt die Eiche: während sie in den Ebenen Deutschlands alle vier Jahre fruchtet und große Mengen Eicheln liefert, ist das in den Ebenen der Schweiz nur alle sieben Jahre der Fall. Siegfried kennt zwar großräumige Wetteränderungen wie trockene oder regenreiche Jahre, für die »eine bleibende Ursache« zu Grunde liegen könnte, hält sich beim Einfluss der Entwaldungen aber bedeckt und formuliert zurückhaltend:

»Die nächste Ursache ist wohl die Ausrodung der Wälder, die in letzten Jahrzehnden auf bedenkliche Weise Fortschritte gemacht hat. Auch die Abschaffung der Brache ist vielleicht von einigem Einfluss, indem gegenwärtig durch das in allgemeinerm Umfang aufgelockerte Erdreich Quellen und Flüssen mehr Wasser entzogen wird als früher.«[155] Mit der Abschaffung der

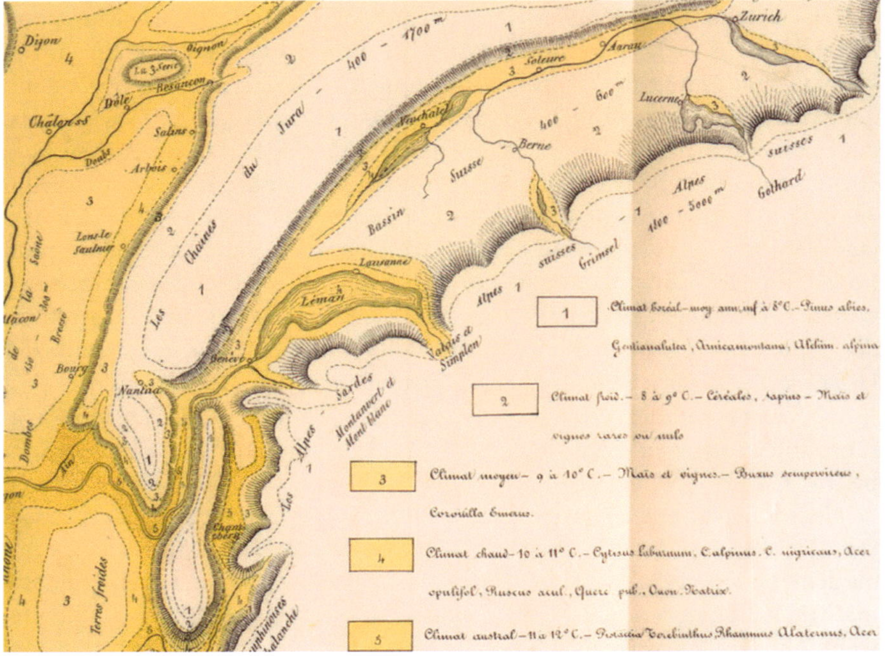

Abbildung 114: Jules Thurmann, Klimakarte Schweizer Jura und angrenzende Gebiete. Ausschnitt Dijon – Zürich – Chambery. Leman ist der Genfer See. Jahresmitteltemperatur: 1) Climat boréal (nördlich) weniger als 8° C. – 2) Climat froid (kalt) 8° bis 9° C. – 3) Climat moyenne (mittel) 9° bis 10° C. – 4) Climat chaud (warm) 10° bis 11° C. – 5) Climat austral (südlich) 11° bis 12° C. Den Klimaten zugeordnet sind Leitpflanzen wie Enzian und Tanne für das nördliche, Weizen für das kalte, Mais, Wein und Buchsbaum für das mittlere, Klee, Eiche und Mäusedorn für das warme, Pistazie und Kreuzdorn für das südliche Klima.

Brache meint er die Aufgabe der Dreifelderwirtschaft, bei der immer ein Drittel der Ackerfläche zur Erholung sich selbst überlassen blieb und als Weide genutzt wurde. Dieser Teil wurde jetzt mit umgepflügt.

Die Veränderung des lokalen Klimas nach Entwaldung war nicht nur ein Problem der Berge. Der königliche Major, Rittergutsbesitzer und Forstfachmann Hermann von Lattorff (1809-1864) aus Klieken bei Coswig in Sachsen-Anhalt sah es auch im südlichen Brandenburg, in der die kleinen Privatparzellen fast völlig verschwunden waren, niemand an Wiederaufforstung dachte, der sandige Boden völlig vertrocknete und auch die noch wachsende Heide als Brennmaterial entfernt wurde.[156] Hier einige Auszüge aus seinem

Plädoyer, in dem er die Gleichsetzung von Staatseinnahmen und Allgemeinwohl als trickreiche Sprachregelung der Forstfinanzämter erkennt und auch klimatische Veränderungen durch Abholzungen geschildert werden, die auf »denkende Nationalökonomen« abschreckend wirken müssten, was die Existenz gedankenloser Nationalökonomen voraussetzt:

»Freilich giebt es auch Forstfinanzmänner genug, welche in dem Verschwinden der Privatwaldungen und der sich hierdurch natürlich steigernden Verwerthung der Staatsforsten einen günstigen Umstand erblicken und die aus dieser Erhöhung der Staatseinnahmen auf die Hebung des Gesammtwohlstandes zu schließen geneigt sind...Eine ordnungsmäßig bewaldete Gebirgslandschaft giebt es in Deutschland überhaupt kaum mehr. ...Man fahre nur z. B. (und hierbei nehme ich natürlich die Staatsforsten, so wie die der großen Grundbesitzer und städtischen Communen aus), wenn man bei Acken die Elbe von links nach rechts überschritten hat, einige Stunden landeinwärts, wende sich dann nach der Gegend von Wittenberg zu und verfolge die Chaussee von hier nach Potsdam; oder man nehme den Weg über Belzig, Niemegk, Luckenwalde, Fürstenwalde auf Frankfurt a. O. Nicht minder wird man auf der Eisenbahn von Coswig über Wittenberg nach Berlin und darüber hinaus gewahr werden, wie überall die nackten Berge den Reisenden angähnen und die ödesten Flächen ihm begegnen, die nur hie und da mit einzelnem Strauchwerk bestanden sind, welches dem Knieholz der hohen Gebirgskämme nicht unähnlich erscheint. Ja, für den Naturfreund, den Forstmann und mehr noch für den denkenden Nationalökonomen haben diese Gegenden durchaus etwas Abschreckendes. Die brennende Sonne und die zehrenden Winde lassen nicht einmal mehr das dürftige Haidekraut auf ihnen gedeihen, das man überdies jetzt eben so wenig schont, wie die früheren Holzbestände... Sind die unmittelbaren Folgen der Entwaldung unserer Gegenden natürlich am fühlbarsten und am meisten in die Augen springend, so sind die mittelbaren doch von nicht minder gewichtiger Art, ja man könnte sie in gewisser Beziehung als noch unheilvoller bezeichnen, weil sie sich unserer Wahrnehmung nicht so anschaulich darstellen, vielmehr, gleich einem vorsichtigen Feinde, uns mit ihrem Verderben zwar langsam, aber desto sicherer nahen. Sie bereiten uns Verluste und bringen uns Schäden, die sich selbst nicht durch anhaltende ernste Gegenwirkung beseitigen lassen. Was durch sie verloren geht, läßt sich nicht durch Surrogate ersetzen, sondern nimmt den Charakter der Unwiederbringlichkeit an. Dahin gehören: die übermäßige Austrocknung der Atmosphäre; das Versiegen der Quellen und Bäche; die mehr und mehr hervortretenden Versandungen und der dadurch gestörte Gesundheitszustand alles organischen Lebens.«

Lattorff bezeichnet also die Veränderungen, die einer Entwaldung folgen als ein zunächst kaum wahrnehmbares Verderben, das sich hinterhältig wie ein vorsichtiger Feind anschleicht und das Klima und alles organische Leben zerstört – langsam, aber sicher, und nicht wieder gut zu machen.

Der Nationalökonom, Naturwissenschaftler und spätere liberale Reichstagsabgeordnete Hermann Rentzsch (1832-1917) meint in »Der Wald im Haushalt der Natur und der Volkswirtschaft« von 1862, dass eine allgemeine Klimaänderung aus Mangel an flächendeckenden und vergleichbaren Untersuchungen nicht nachgewiesen sei, aber sieht wie andere auch sehr wohl lokale Auswirkungen durch das Abholzen von Privatwäldern, dem durch Wiederaufforstung, Pflanzen von Obstbäumen und Anlegen von lebenden Hecken begegnet werden sollte. Er nennt noch ein weiteren Grund für die spekulative Waldvernichtung: »Andererseits, wenn auch nur in vereinzelten Fällen, bemächtigte sich jene berüchtigte Speculation, die die Volksmeinung mit dem Namen »des Güterschlachtens« verpönt hat, des augenblicklichen Gewinnes, der aus der Ausrodung eines zu einem Gute gehörigen Holzstückes hervorging, wobei gewöhnlich ganz außer Acht gelassen wurde, ob die Beschaffenheit des Bodens dies Verfahren gerechtfertigt erscheinen ließ.«[157]

Der Züricher Forstmeister Elias Landolt (1821-1896) hat 1862 in seinem Bericht an den schweizerischen Bundesrat über den Zustand der Hochgebirgswaldungen allgemeine, vom Menschen unabhängige Klimaänderungen für die lokalen Veränderungen in der Schweiz abgelehnt. Dafür gebe es »durchaus keine Beweise«.[158] Klimatische Veränderungen, Verheerungen, Vermehrungen von Schnee- und Steinlawinen seien Ergebnis einer Übernutzung und Misshandlung der Wälder. Die Menschen hätten sich »den größten Theil des Elends, welches deswegen über sie gekommen ist und kommen wird, ihrem Eigennutz und ihrer Mißachtung der Naturgesetze zuzuschreiben«.

Dass diese Missachtung der Naturgesetze einmal zu einer menschengemachten globalen Klimaänderung führen würde, konnte er nicht ahnen. Aber seine Argumentation kommt uns sehr bekannt vor. Sie bringt die Folgen dumpfen Beharrens auf ein eingefahrenes Wirtschaften in der Kombination von wissenschaftlicher Ignoranz mit ökonomischer Habgier auf den Punkt. Und bei Landolt klingt ein Naturgefühl an, das dem unseren entspricht. Bei einer Wanderung durch solcherart zerstörte Landschaften fehlten »dem Auge wohlthuende Anhaltspunkte« der Holzbestände, statt dessen trockene Weiden, kahle Felsen, Geröllgeschiebe, »Gegensätze, die zum Besuch einer Landschaft nicht einladen und selbst auf den Bewohner der Gegend, welcher Gelegenheit hatte, sich allmählich an dieselben zu gewöhnen, einen unangenehmen Eindruck machen«. Wenn den Entwaldungen und der Übernutzung der Wälder nicht Einhalt geboten werde, befürchtet Landolt für die Schweiz eine Karstlandschaft wie in Kleinasien, in Griechenland, in einem Großteil Italiens, in Spanien und im südlichen Frankreich. Diese Zustände »würden unausweichlich die Unmöglichkeit der Bodenkultur und starke Entvölkerung im Gefolge haben, ja sogar zur gänzlichen Unbewohnbarkeit vieler höher gelegenen Gebirgstheile führen«.

Die Waldungen seien »zur dienenden Magd« der Landwirtschaft geworden mit schlimmsten Auswüchsen in den Hochweiden, wo das Vieh bei jedem Wetter im Freien bleibe und keine Heuvorräte angelegt würden. Schneie es, fliehe das Vieh, um Nahrung zu finden, in den verbliebenen Wald.[159] Niemand kümmere sich um das Geröll, so dass Schutthalden immer weiter vorrückten und keine neuen Grasnarben entstünden. Und obwohl sich die Weiden verschlechterten, werde die Zahl des Rindviehs nicht vermindert. Am schlimmsten seien die Zustände in den Pachtalpen. Dort seien die nicht am Ort lebenden Eigentümer nur am Zins interessiert und die Pachtzeiten zu kurz für ein Eigeninteresse des Pächters. Bei den noch höher gelegenen Schafweiden sehe alles noch düsterer aus. Da komme außer dem Hirten kein Mensch mehr hin. Die Tessiner Schafweiden würden an Hirten aus dem Distrikt von Bergamo verpachtet, die bei Auf- und Abtrieb einen großen Schaden in Wäldern und auf den Weiden verursachten.

In einem Punkt waren sich die Genannten einig: die lokalen Klimaänderungen und Katastrophen waren menschengemacht. Sie konnten nicht auf Veränderungen geschoben werden, die vom Menschen nicht zu beeinflussen waren. Also konnte man etwas dagegen tun. Wer abholzte, konnte auch aufforsten. Am Wald war anzusetzen, um der Probleme Herr zu werden. Das war soweit klar. Aber wem gehörte der Wald? Kann man seine Besitzer zwingen, sorgsam mit ihm umzugehen? Wie und von wem ist ein Allgemeininteresse zu definieren, wenn alle gedankenlose Nutznießer der Produkte des Waldes sind und tägliche neue ihre maßlosen Ansprüche anmelden?

Die 48er: Roßmäßler und der erste Aufruf zum internationalen Schutz des Waldes

1848 steckte die Gesellschaft mitsamt den übrig gebliebenen und oft ramponierten Wäldern in einer Sackgasse. Die Ständegesellschaft hatte sich in ihren althergebrachten Regeln selbst stranguliert. Ihre Privilegien und Zünfte mit Ausschluss des großen Rests der Bevölkerung, ihr auf Grundbesitz und Adel zugeschnittenes Rechtssystem bot keinen Ausweg aus der Blockade. Die

Industrialisierung brauchte Freiheiten, freie Verfügbarkeit über Eigentum, Produktion und Handel, eine freie Presse zur Organisation und Kontrolle der explodierenden wirtschaftlichen Tätigkeiten, und eine frei verfügbare Arbeiterschaft. Alles das war in den noch vorherrschenden Feudalstrukturen der deutschen Kleinstaaterei nicht vorgesehen.

Auf dem Land behinderten Frondienste und Servituden eine Steigerung der Produktivität bei zunehmender Bevölkerung. Die Bauern wollten die Frondienste loswerden und über ihren Acker bestimmen, die Adligen wollten ihren Wald für sich und vor allem, ihn jederzeit nach eigenem Belieben veräußern oder abholzen dürfen. Im Wald, das zeigte sich während der Märzereignisse, blockierten beide Seiten klare Lösungen, die sich in anderen Bereichen auch ohne Machtübernahme durch das Bürgertum durchsetzten: freie Verfügung über das Eigentum an Produktionsmitteln, freie Verfügung über die eigene Arbeitskraft, Rechtsprechung durch unabhängige Gerichte. Die neue Industrie hatte durch Befürworter aus der alten Kaste ein leichteres Spiel als die Gegner der uralten Feudalordnung auf dem Land.

Es zeigte sich jedoch bald, dass der bürgerliche Eigentumsbegriff einer ungehinderten Verfügbarkeit über den Wald, der schon in der französischen Revolution einen nicht wieder gut zu machenden Schaden an den Wäldern angerichtet hatte, auch in Deutschland in einem anarchischen Ausbruch von Habgier unter Beteiligung aller alten und der neuen Akteure in der Industrie die Zukunft der Wälder aufs Spiel setzte. So hatten sich die Idealisten des demokratischen Aufbruchs den Umgang mit der Natur nicht vorgestellt. Sie forderten jetzt von den konstitutionellen Monarchien zugunsten des Allgemeinwohls eine Beschränkung der Eigentumsrechte und die Berücksichtigung des Wohls zukünftiger Generationen.

Für die Finanzbehörden der aus der 48er Revolution hervorgegangenen Staaten, die für die Staatsforste zuständig waren, bedeutete Allgemeinwohl Staatswohl, und Staatswohl, das war eine gut gefüllte Staatskasse. In ihre Kalkulation Erwägungen zum Klima einzubeziehen, war ihrem Denken völlig fremd. Ihnen ging es jetzt darum, den Wald so zu »erziehen«, dass er den bestmöglichen Profit abwarf, was letztlich darauf hinauslief, ihn exakt entlang der Bedürfnisse des Marktes nach Industrie- und Bauholz zu entwickeln oder auszuräumen. Für die bäuerlichen Nutzungsformen eines Nieder- oder Mittelwaldes blieb da kein Platz mehr. Hochwald musste es sein, am besten schnell wachsende Fichte und Kiefer, die für die Bergwerke, den Eisenbahnbau und die Papierindustrie gebraucht wurden. Die ersten restriktiven Regelungen in den Staatsforsten waren daher die zur Waldstreuentnahme und zur Waldweide, die bisher die schnelle Entwicklung eines Hochwaldes verhindert hatten. Die rebellierenden Eingeforsteten des Nürnberger Waldes waren das letzte Aufgebot in einem Kampf um den Erhalt der der Feudalzeit zugehörenden Nutzungsrechte, die im Boom der Industrialisierung nur noch lästig waren und nach und nach abgeschüttelt wurden.

Forstleute wie Marchand haben die Zwänge der alten und die der neuen Zeit durchschaut und befürchteten schlimmstes. Für diese Forstleute war die Kombination von marktradikalem Denken mit stumpfem Beharren auf ein traditionelles Wirtschaften Verrat an der Zukunft der Wälder mit desaströsen Folgen, die in ganz Europa längst nicht mehr zu übersehen waren. In dieser Lage wollte Emil Adolf Roßmäßler (1806-1867) »den Wald unter den Schutz des Wissens Aller stellen«.

Ein sehr demokratischer Ansatz. Roßmäßler war ein 48er. Als Professor für Zoologie und später auch für Mineralogie unterrichtete er an der *Königlichen Akademie für Forst- und Landwirthe* in Tharandt bei Dresden unter der Leitung von Heinrich Cotta. 1849 ließ er sich emeritieren, nachdem er wegen seinem Eintretens für die Trennung von Kirche und Staat unter heftigen Beschuss geraten war. In einem Hochverratsprozess wurde er freigesprochen und saß fortan mit am Leipziger Verbrechertisch, an dem sich ehemalige Aktivisten, die eingesessen hatten, zu einem illustren Kreis versammelten. Er wurde mit zahlreichen Werken und der Herausgabe von Zeitschriften ein großer Popularisierer der Naturwissenschaften und nutzte seine Freundschaft mit Alexander von Humboldt und seine politischen Verbindungen, die er seit seiner Beteiligung im Fünfzigerausschuss des Vorparlaments in Stuttgart und als gemäßigt linker Abgeordneter in der Frankfurter Nationalversammlung für Pirna geknüpft hatte. Sein sehr erfolgreiches Buch »Der Wald« von 1863 war eine gelungene Mischung aus wissenschaftlicher, durch Abbildungen bereicherter Erklärung mit Appellen zum schonenden Umgang mit der Natur.

»Daß ich es gerade heraussage: was mich schon seit Jahren zu dieser Darstellung des Waldes getrieben hat, was zuletzt in den genannten Ländern zu einem unwiderstehlichen Drange wurde: es ist der Wunsch, den Wald gegenüber den maßlosen und gedankenlosen Anforderungen an denselben unter den Schutz des Wissens Aller zu stellen«.[160]

Als politisch Engagierter hatte er noch mehr im Sinn. Er wollte die Verantwortlichen der mitteleuropäischen Länder zusammenbringen und mit ihnen gemeinsam gegen die Zerstörung der Wälder zum Schutze des Klimas vorgehen. Er plante einen »Internationalen Congres der Zukunft«, den er 1859 in der *Gartenlaube* und seinem eigenen naturwissenschaftlichen Volksblatt *Aus der Heimat* ankündigte.[161] Die unter ihrem Gründungsverleger Ernst Keil noch aufmüpfige und aufklärerische *Gartenlaube* hatte schon mehr als

Abbildung 115: Versammlung von Stammtischgästen am sogenannten »Verbrechertisch« in der »Zur Guten Quelle« in Leipzig am Brühl. Stich von R. Wolff 1880 – Stadtgeschichtliches Museum Leipzig, Inv. Nr. 2614 i. Ab 1856 trafen sich hier die alten 48er, von denen eine ganze Reihe wegen ihrer politischen Aktivitäten im ehemaligen kurfürstlich-sächsischen Jagdschloss Hubertusburg mit 33 Hochverrätern oder anderswo eine Zuchthausstrafe abgesessen hatten. Unter ihnen auch der viele Jahre von der Reaktion gejagte Buchhändler Ernst Keil (1816-1878), der Verleger der Gartenlaube, und ein Redakteur der Gartenlaube und Mitarbeiter an Meyers Konversationslexikon, Friedrich Hofmann (1813-1888), genannt Gartenlaube-Hoffmann, als den ihn ein bewundernder August Bebel beschrieb, der stolz war, einmal an den Tisch eingeladen zu werden, da er, wie Karl Liebknecht ebenfalls in der Hubertusburg eingesessen hatte. Auch der Herausgeber von Brehms Tierleben, der Zoologe Alfred Brehm, der Schriftsteller August Peters, der Journalist und Literaturkritiker Hermann Marggraff und der Jurist und Lyriker Theodor Apel aus einer reichen Leipziger Familie waren darunter. Auf dem Bild sehen wir den Druckermeister Theodor Grumbach, den Professor für pathologische Anatomie in Leipzig und Kolumnenschreiber der Gartenlaube Karl-Ernst Bock, Ernst Keil, den Buchdrucker Theodor Oelkers, den Altphilologen Dr. Gustav Eduard Benseler, den Wirt des Kellerlokals Grun, den Pfarrer und Gründer eines Arbeiterbildungsvereins Friedrich-Ludwig Würkert, die Gebrüder Carl Moritz und August Dolge, Klavierfabrikanten, Emil Adolf Roßmäßler, Friedrich Hofmann und den Lehrer für Stenografie in Bebels gewerblichem Bildungsverein Dr. Karl Albrecht. In den Tisch waren noch viele weitere Namen eingeritzt, die sich neben den »sesshaften«, weil eingesessen, als »Zugelassene«, weil derselben Überzeugung oder als Gäste versammelten.

100 000 Abonnenten mit stark steigender Tendenz, und wahrscheinlich zehn Mal so viele Leser.

Der Kongress sollte bald in Frankfurt stattfinden. Das hat nicht geklappt. In seinem Buch »Der Wald«[162] sprach er dann die Hoffnung aus, seinen Kongress auf einer der Höhen des deutschen Waldes stattfinden zu lassen, »die Herren vom grünen Tische in den grünen Wald« zu versammeln. Er würde ihnen zeigen, wie »tausend und abertausend Quellen und Bäche unter den Rändern des grünen Mantels hervorrinnen und sich unten in der Ebene zu immer größer werdenden Flüssen verbinden«. Auch diese Hoffnung auf einen internationalen Waldspaziergang wurde enttäuscht. Deutschland und seine Anrainer waren damit beschäftigt, ihre nationale Größe in einem feindseligen Wettbewerb zur Geltung zu bringen, und nicht daran interessiert, gemeinsame Sache zu machen.

Roßmäßlers Initiative war der erste Aufruf zum internationalen Schutz des Waldes wegen seiner klimatischen Bedeutung. Dabei nutzte er seine öffentliche Präsenz als Initiator zahlreicher Humboldtvereine. Er korrespondierte regelmäßig mit dem betagten Ahnherrn der physischen Geographie, Alexander von Humboldt, aus dessen Brief er den Leitsatz seines Aufrufs genommen hat:

> *Internationaler Congreß der Zukunft:*
>
> »– nicht vergessend, das der größere Theil des Klima's nicht an dem Orte selbst, wo die Entholzung vorgeht, sondern viele hundert Meilen davon gemacht wird«.
>
> Alexander von Humboldt, brieflich den 6. März 1858.
>
> Mehr als Eisenbahnverkehr und Zolleinigung, mehr als Post- und Telegraphenverbindung scheint für die Zukunft das Wasser berufen zu sein, die internationale Freundnachbarlichkeit der Staatsverwaltungen über weite Grenzen hin auszudehnen und zu einem Schutz- und Trutzbündnis gegen die größten Gefahren zu gestalten.
>
> Der Wald wird dabei die Vermittler-Rolle übernehmen.
>
> Es ist mindestens eine auffallende Erscheinung zu nennen, daß bereits seit Jahrzehenden in mehr oder weniger ausgeführter Weise auf den klimabedingenden Einfluß der Waldungen hingewiesen wird, unter Anführung der erschreckendsten Beispiele von den Folgen der Entwaldung, und daß dennoch diese Frage, unseres Wissens wenigstens, noch von keiner Seite praktisch zu einer internationalen erhoben worden ist.
>
> Man spricht von Privat-, Gemeinde- und Staats-Waldbesitz, aber von internationalem spricht man nicht, d. h. von solchem, an welchem nicht bloß diejenige

Nation oder derjenige Staat ein Eigenthumsrecht hat, auf dessen Gebiete er liegt, sondern an dem auch andere, und zwar nicht immer bloß die unmittelbar benachbarten, Staaten ein klimatisches Nutznießungsrecht geltend zu machen haben, oder wenigstens geltend machen sollten.

Der Wald hat das Unglück, von aller Welt geliebt und dabei von aller Welt verkannt zu werden. Von der poetischen Waldliebe an, zu der sich Jedermann bekennt, bis zu der staatsweisen Waldbewirthschaftung treffen doch weder diese beiden Endpunkte, noch eine der zahlreichen dazwischenliegenden Abstufungen das Wahre, den Kernpunkt in der Beurtheilung des Werthes der Waldungen. Diese Behauptung wird nicht widerlegt durch die Tausende, denn Viele sind deren allerdings bereits, welche den Schwerpunkt des Waldes an die richtige Stelle legen: in seine klimatische Bedeutung. Einzelne, und wären ihrer Hunderttausende, zählen nicht, so lange die Ueberzeugung von dieser Bedeutung des Waldes die Regierungen nicht durchdrungen, und mehr noch, so lange nicht ein gemeinsames, von gleichem Sinne beseeltes Vorgehen in diesem Punkte verbündeter Regierungen thatsächlich besteht....

Heute stehen wir an dem Punkte, von wo an die klimatische Bedeutung des Waldes als die höchste und am meisten maßgebende erkannt zu werden anfängt; und ich trage keinen Augenblick Bedenken, es auszusprechen: wir sind höchst wahrscheinlich auf dem Punkte bereits angekommen, von welchem aus jede wesentliche Verminderung unserer mitteleuropäischen Waldbestände ein Verbrechen an der Zukunft ist.

Ich sage mitteleuropäischen, nicht deutschen; denn das »international« soll sich nicht auf die 36 Staaten des Bundesstaates Deutschland beziehen, sondern auf die Nationen, welche im Mittelpunkte Europa's aneinander grenzen und, wenn nicht mit den Waldungen mehrgenannter Auffassung gemäß verfahren wird, mit allen Continentalklima's von ihrem Gebiete abzuhalten, während jetzt die geringe Festlandsmasse Europa's sich beinahe eines Küstenklima's erfreut. Allerdings ist Deutschland am meisten betheiligt, weil es als Mittelpunkt dieses Gebietes bei dieser Veränderung am meisten zu leiden haben würde.

Die klimatischen Zustände des bezeichneten Gebietes, für welches ich die südlichen und westlichen Gebirgszüge, Nord- und Ostsee und die russisch-polnische Linie als Begrenzung annehme, sind ein zusammenhängendes Ganzes und machen daher als solches auch jenes Gebiet selbst zu einem Ganzen...

Ein Eingriff in das freie Gebahren mit dem Eigenthum ist hinsichtlich der Privat- und Gemeindewaldungen mehr als erlaubt, ist geboten; ja der Waldbesitz des Einzelstaates wird in demselben Sinne verpflichteter Privatbesitz gegenüber der oben angedeuteten klimatischen Union Mitteleuropa's.

Wohl möglich, daß manche, daß viele meiner Leser bis hieher über »unzeitigen Eifer« gelächelt haben werden. »Man merkt ja noch nichts!«

> Wenn man es merken wird, nicht nur die Verarmung der Flüsse, denn die merkt man bereits, sondern auch die Veränderung des Klima's, dann wird es zu einem Einschreiten wahrscheinlich zu spät sein. Es wird leichter sein, den großen Waldbesitzer zu zwingen, seine Waldungen zu erhalten, als die einstigen kleinen Besitzer seines urbar gemachten, parcellirten Bodens zu bewegen, ihre Parcellen wieder herzugeben, oder in Wald umzuschaffen.
>
> Man wird es nicht dahin kommen lassen. Mein »internationaler Congreß der Zukunft« steht vielleicht nahe bevor. In Frankfurt a. M. wird er tagen. Es wird eine schöne Aufgabe sein, an der Hand der Wissenschaft für des Wohl der kommenden Geschlechter zu sorgen«.

Die für eine weite Verbreitung wichtige *Augsburger Allgemeine Zeitung* hat dieses Manifest nicht zur Veröffentlichung angenommen, ein erster Hinweis darauf, dass der Traumtänzer Roßmäßler, der in Sachen Natur zwar seine Leser begeistern konnte, nicht aber die knallharten Vertreter wirtschaftlicher Interessen, die Politiker konkurrierender Nationen und Herausgeber konservativer Zeitungen. Die klimatische Bedeutung des Waldes als die maßgebende noch vor der wirtschaftlichen zu proklamieren oder von einem klimatischen Nutznießungsrecht anderer Staaten am deutschen Wald zu fabulieren, das ging weit über den Horizont derjenigen, die sich Holz so preiswert wie möglich besorgen mussten und von der Plünderung ihrer Nachbarländer profitierten. Roßmäßlers Vorschlag zur Internationalität aus dem politisch impotenten Krähwinkel deutscher Kleinstaaterei konnte keine gestalterische Kraft entfalten und wurde auch im Inland totgeschwiegen. Die *Allgemeine Forst- und Jagdzeitung* erwähnt seine Initiative nicht, die *Kritischen Blätter für Jagd- und Forstwirtschaft* nennen ihn in einer Rezension von Georg Mayr über die Umweltschäden in der Schweiz einen Eiferer und gehen zur Tagesordnung ihrer kleinteiligen Forstwirtschaft über.[163]

Das lag auch daran, dass die Veränderungen im Nachklang der Ereignisse von 1848 vor allem den Interessen der boomenden Industrie gedient haben. Mit ihr war jetzt nationale Größe in Aussicht gestellt, mit ihr wurden die eingefrorene Ständegesellschaft zum Tanzen gebracht und mit ihr ging es der Natur in einem Ausmaß an den Kragen, das alle vorhergehenden Kalamitäten gutsherrlicher Verwaltungen und bäuerlicher Nutzungen in den Schatten stellte. Der Wald als Klimaschützer war ein Wald ohne messbaren schnellen Gewinn. Was jetzt zählte, war Holzzuwachs, ausgedrückt als Verzinsung des im Wald stehenden Kapitals. Für ihn wurde er von der Forstwirtschaft gepflegt, für ihn wurde wieder aufgeforstet. Dieser Holzzuwachs war Wertzuwachs, dessen Verzinsung sich mit dem Zins in anderen Produktionszweigen und dem allgemeinen Zins des Kapitalmarktes zu messen hatte. Die Pflege eines Schutzwaldes kostete, die Pflege eines Stangenwaldes erbrachte steigenden Gewinn in verkürzter Umtriebszeit. Dieser alle Lebensbereiche beschleunigenden Dynamik der Industrialisierung nach 1848 konnten sich weder die ausgedehnten Staatswälder noch die kleineren Wälder von Gemeinden und Privaten entziehen. Wer nicht die im Berg- und Eisenbahnbau, in der Papierindustrie und für den Bau benötigten Holzsorten liefern konnte, erreichte nicht die übliche Kapitalverzinsung und senkte den Wert seines eigentlich guten und stabilen, jetzt aber plötzlich »falsch« bestockten Waldes.

Gustav Heyer (1826-1883), Oberförster in Gießen und Herausgeber der *Allgemeinen Forst- und Jagdzeitung* als Nachfolger des Freiherrn von Wedekind, macht zum Beispiel folgende Rechnung auf: »Wir verlangen also ... daß der Staat den Boden von denjenigen Waldungen, welche der Erzielung des größten Reinertrags gewidmet sind, in der Weise benutzt, daß derselbe eine ebenso hohe und sichere Rente gewährt, wie bei irgendeiner anderen Verwendungsweise. Ist dies nicht möglich, so muss die Waldwirtschaft aufgegeben und der Boden demjenigen Gewerbe überlassen werden, welches eine größere und – wir wiederholen es – dabei ebenso sichere Rente abwirft wie die Waldwirthschaft«.[164] Heyer war 1859, als er dieses Statement abgab, Professor für Forstwirtschaft in Gießen, und er wird in den kommenden Jahrzehnten zu einem der einflussreichsten Forstmänner des Deutschen Reiches. Seine Spezialgebiete: Waldertragsregelung, Waldwertrechnung und Forststatik. Unter Forststatik verstand Heyer nicht etwa die natürliche Stabilität eines Waldes, sondern die »Rentabilitätsrechnung forstlicher Wirtschaftsverfahren«. Es ging um Zins, Umtriebszeit und Bodenwert und damit um eine maximal zu erzielende Bodenrente.

Zahlreiche Spekulanten bemühten sich darum, in den Besitz von Wäldern zu gelangen, in denen das in der Industrie nachgefragte Holz sofort verwertet werden konnte, um dann weitere Gewinne auf den Freiflächen durch landwirtschaftliche Nutzung oder Industrieansiedelungen zu erzielen.

Unter solchen Bedingungen war eine Zukunft, wie sie sich Roßmäßler vorstellte, eine liebenswerte Illusion. Die Zukunft des Waldes wurde von einer mit sehr großen Unsicherheiten behafteten Rechnung abhängig gemacht, in die ein angenommener Holzzuwachs, der Holzpreis der Gegenwart und eine in zukünftigen Zeiten vermutete Nachfrage eingingen, nicht aber großflächiger Insektenfraß und Sturmschäden. Alle diese Rechnungen waren ungedeckte Schecks auf die Zukunft der Holzwirtschaft, wurden aber, wie heute die Berechnungen zukünftiger Aktienkurse, sehr ernsthaft betrieben. Es war ein betriebswirtschaftliches Zahlenspiel auf dünnem Eis, das nur durch die Erfahrungen gut ausgebildeter Forstleute vor Ort etwas Bodenhaftung in den natürlichen Bedingungen gewinnen konnte. War der Waldbesitzer auf maximalen und schnellen Profit aus, hatten an einem größeren Naturzusammenhang orientierten Förster keine Chance, ihre Vorstellungen eines vielfältigen Baumbestands mit Naturverjüngung umzusetzen.

Welcher erbarmungslose kalkulatorische Geist nach 1848 in den Wald Einzug gehalten hat, beschreibt ein fiktives »Gespräch zwischen einem alten Förster und einem Taxations-Kommissarius« in Pfeils Kritischen Blättern. Es geht um die Schönheit alter Laubbäume mit ihrem Bestand an Tieren, die der alte Förster beschwört, und um eine Behandlung des Waldes, die der amtliche Schätzer aus mathematischen Ertragstafeln ableitet.[165]

> Förster: »Ach, das Revier hatte sonst so viele schöne Eichen, Buchen, Ahorne, Eschen, Linden, und sie haben schon überall den reinen Kiefern und Fichten Platz machen müssen sind nun noch die einzigen Ueberreste in so schönen Bäumen vorhanden; wenn sie fortkommen, werden wir das Laubholz, was das Herz erfreuet, ganz verlieren, da wir es nicht nachziehen; gönnen sie ihm doch meinetwillen noch eine kurze Zeit das Leben, ich werde es ja doch nicht mehr lange machen.«
>
> Taxationskommissarius: »Mein Herr Förster, das gehet nicht. Die Zeiten, wo man einen solchen Luxus mit der Waldwirthschaft treiben konnte, daß man die Bäume für solch sinnliche Genüsse erhalten durfte, wie sie da aufzählen, sind vorbei. Wir müssen den Wald in den normalen Zustand bringen, in dem er den höchsten Durchschnittszuwachs giebt, wie ihn die Erfahrungstafeln nachweisen. Nicht bloß das Zuwachsprocent ist bei diesen alten Bäumen ein sehr geringes, sondern auch das Werthnutzungsprocent sinkt mehr, als es steigt. Vergleichen sie einmal beides, wie ich es hier von einem 50jährigen Kiefernbestande berechnet habe, der an diese Stelle kommen soll, und sie werden sich selbst überzeugen, was das Nationalwohl für einen Verlust erleiden würde, wenn ich Ihrem Wunsche nachgäbe. Die Zeiten sind nicht mehr, wo man den Wald zum Vergnügen der Fürsten und der Förster bewirthschaftete, das allgemeine Wohl zu fördern ist unser höchstes Gesetz«.
>
> Der Förster macht noch einmal einen Anlauf, weist auf die Tiere hin und was die Bäume alles aus der grauen Vorzeit erzählen könnten, und dass ihm das Herz blute, die alten Bäume abzuschlagen. Aber der Taxationskommissarius entgegnet kühl: »O, das würde mir eher eine Veranlassung sein, sie bald zu hauen, als sie länger stehen zu lassen; denn mir erscheinen sie nur als ein Denkmal barbarischer Zeiten, wo man den Wald noch nicht wissenschaftlich behandelte, die Völker der Jagdlust der Fürsten opferte...wo der Bauer geknechtet unter der Peitsche der Jäger und dem Despotismus der Fürsten elend vegetirte, keine Grundrechte kannte, ackern und säen mußte, um das Wild der Fürsten zu ernähren. Alle Zeichen dieser Zeit, die Raubschlösser wie die alten Bäume,

die diese sahen, müssen so rasch als möglich getilgt werden, um die erbitternde Erinnerung daran zu vertilgen.«

Förster: Ich kenne diese Zeiten nicht, denn solange ich denken kann, habe ich nichts von alledem erlebt; ich kann nur von den alten Bauern sagen, daß sie sich vor der Revolution weit besser befunden und weniger gezahlt haben, als jetzt, daß sie die alten Zeiten zurückwünschen. Aber wenn das auch so gewesen ist, so sind diese alten Eichen, Buchen, Linden, Tannen gewiß daran ganz unschuldig gewesen, sowie sie auch jetzt Niemandem etwas zu Leide thun«. Ein paar Rehe und Hasen würden sie ernähren. Aber auch hier bleibt der Taxationskommissarius hart:

»Nun gewiß, das sind seltsame Gründe, um den Bestand in die zweite Periode zu setzen. Um der Jagd willen gewiß nicht. Denn erstens kann das niemals ein wissenschaftlich gebildeter Forstwirth werden, der sich der niederen Mordlust der Jägerei hingiebt, die allen Sinn für die Wissenschaft tödtet; das haben schon sehr gelehrte Forstmänner bewiesen.. Dann ist das Wild auch die wahre Pest unserer Wälder und muß gänzlich ausgerottet werden«.

Wildverbiss, krumme Stämme. Die Tauben zeigten hohle Bäume an und die Spechte das Vorhandensein von holzfressenden Insekten. Gerade deshalb müsse man sie so schnell wie möglich abschlagen.

Es geht gerade so weiter, und letztlich ist der alte Förster bedient, dem sogar sein täglicher Gang in den Wald als ungehörige Freizeitbeschäftigung angelastet wird. In der Realität wird sich die Sichtweise des Kommissarius durchsetzen und dem auch landwirtschaftlich genutzten Mischwald für Generationen den Garaus machen. Die auf das maximal zu erzielende Holzwachstum fixierte »wissenschaftliche Behandlung des Waldes« verfuhr mit dem Wald wie mit einem Acker, dessen Ertrag allerdings jährlich geerntet werden konnte, während die viel beklagte lange Umtriebszeit bei der »Erziehung des Holzes« wenigstens 50 Jahre beträgt. Der Taxierer des Waldes hat auch ausdrücklich bzw. unausgesprochen klar gemacht, was er unter »Nationalwohl« und »allgemeinem Wohl« nicht versteht: den Wald als Seelentröster und den Wald als Klimaregulator. Er geht mit seinem rabiaten Ziel sogar so weit, Insekten fressenden Vögeln ihre Nist- und Nahrungsplätze zu rauben und alles Wild ausrotten zu wollen. Die Vielfalt des pflanzlichen und tierischen Lebens im Wald bleibt vollends auf der Strecke. Damals wurde der Stangenwald geboren.

In einem eher wissenschaftlichen Duktus hat Wilhelm Pfeil den Sinn des Gesprächs so ausgedrückt: Der Forstmann »ist mehr Künstler als Gelehrter, wie es auch der Arzt ist. Ein Handbuch der Forstwissenschaft kann für die verschiedenen Verhältnisse in den Wäldern Vorschriften für ihre Taxation und Bewirtschaftung angeben; aber der Forstmann muß die Verhältnisse würdigen können, unter denen sie nur anwendbar sind. Diese sind wie die Krankheiten oft so kompliziert, die Konstitutionen der Menschen wie die der Wälder oft so unendlich verschieden, daß der Arzt wie der Forstmann oft die Hand- und Lehrbücher wegwerfen müssen, um sich neue Regeln für ihre Behandlung zu bilden. Darum ist auch nichts gefährlicher, als eine bloße Dressur des Forstmannes nach bestimmten Lehrbüchern und Instruktionen, wobei er nicht selbständig denken und wirken lernt«.[166] Aber die meisten haben sich dressieren lassen oder wurden durch Dressur bezwungen. Damals entstand die über allen Zweifel erhabene Überzeugung von der Fichte als Brotbaum des Waldbesitzers, die den Umgang mit dem Wald bis zum sauren Regen von 1980 beherrschte und großflächigen Monokulturen mit angeblich unumstößlichen ökonomischen Argumenten den Weg bereitete.

Die Metamorphose des Waldes unter rauchenden Schloten

Marchands Denkschrift fiel in eine Zeit, in der die Naturwissenschaften der Landwirtschaft mit einem tieferen Verständnis der Photosynthese und der notwendigen Mineralien für ein optimales Pflanzenwachstum Lösungen anbieten konnten. Der künstliche Dünger entzog den Bauern in der zweiten Hälfte des 19. Jahrhunderts endgültig das Argument zur Entnahme von Waldstreu, die in der Revolution von 1848 noch eine große Rolle gespielt, die bisherigen Besitzverhältnisse in Frage gestellt und in der Folge tiefgreifend veränderte hatte. Die Symbiose von Bauer und Wald wurde beendet. Der Bauer düngte den Acker jetzt künstlich, der Förster konzentrierte sich auf Holzzucht an den Bedürfnissen eines immer gefräßiger werdenden industriellen Marktes. Einige Bildbeispiele holzverbrauchender Industrien stehen für die schnellen Veränderungen der Anforderungen an die Wälder in der in der zweiten Hälfte des 19. Jahrhunderts.

Lith. Anst. v. L. Oeser, Neusalza.

Eisenhüttenwerk Gross-Pöhla.

Abbildung 116: Das Eisenhüttenwerk Pfeilhammer. Hochofenbetrieb mit Holzkohle, Eisengießerei, Schmiedeeisenfabrikation in Groß-Pöhla. Louis Oeser (Hg.), Album der sächsischen Industrie, Band 2. Neusalza 1859, S. 27. Pöhla liegt im westlichen Erzgebirge, 20 km südöstlich von Aue und gehört heute zur Kreisstadt Schwarzenberg. Bereits 1525 gab es hier eine Eisenhütte. Die Fabrik produzierte mechanische Webstühle, Schlicht- und Zettelmaschinen, die in der expandierenden Textilindustrie gebraucht wurden. Eine Schlichtmaschine vereinigt in der Weberei mehrere Fäden zu einer einzigen Kette, ebenso eine Zettelmaschine, hier aber verteilt auf mehrere Zettelbäume. »Das Eisenwerk Groß-Pöhla mit dem Schaufelhammer in Mittweida beschäftigt 1 Betriebsbeamten, 1 Expedienten, 1 Kohlmesser, 2 Bretschneider, 3 Hammerschmiedmeister, 1 Schaufelmeister, 20 bis 25 Fuhrleute, 30 Bergleute und 80 bis 90 Hütten- und Waldarbeiter, Köhler, Kohlenräumer, Zimmerleute, Maurer und Tagelöhner«. Ein Kohlmesser stand unter Eid und hatte beim Köhler im Wald die Holzkohle in einem geeichten Messkorb zu vermessen und auf einem Kohlzettel-Buch zu führen. Zum Betrieb gehörte Nadelholzwald, der hier zur Hälfte kahl abgetrieben wurde, zur anderen reichlich gelichtet erscheint.

Abbildung 117: König-Friedrich-August-Hütte im Plauenschen Grund bei Dresden. Louis Oesler, Album der sächsischen Industrie. Band 1, Neusalza 1846. Maschinenfabrik und Eisengießerei. 1842 wurde hier der erste in Sachsen betriebene Koks-Hochofen in Betrieb genommen. Die Steinkohle stammte aus betriebseigenen Zechen im Plauenschen-Grund, das Eisenerz aus eigener Zeche im nur wenige Kilometer entfernten Berggießhübel. Bahnanschluss an die Strecke Dresden–Werdau 1855. Der Besitzer, Carl Friedrich August Freiherr Dathe von Burgk (1791-1872), hatte sich nicht nur den Freiherrntitel gekauft, sondern in der ganzen Gegend zahlreiche Rittergüter, um neue Kohlefelder zu erschließen. Die Belegschaft der Steinkohlenzeche belief sich 1868 auf 1600 Mann, von denen 276 bei einer Schlagwetterexplosion ums Leben kamen. Des Freiherrn Leben wirkt wie eine Karikatur auf die industrielle Entwicklung in Deutschland, die von selbst ernannten oder geadelten Industriebaronen vorangetrieben wurde und deren Nachkommen gelegentlich Lustschlösser erbten. Geboren als Karl Friedrich August Krebs, Sohn eines sächsischen Kriegsrates, gekaufter Freiherr 1832, Erbe des Rittergutes Burgk mit den dazugehörigen Steinkohleschächten, Zukauf von vier weiteren Rittergütern, 1833/34 Abgeordneter der Rittergutsbesitzer der II. Kammer des Sächsischen Landtags, anlässlich eines Königsbesuchs der Zeche Verleihung des Titels »König-Friedrich-August-Hütte«, gemeinsame Zentralverwaltung von Steinkohlezechen und Land- und Forstwirtschaft der Rittergüter, Aufbau einer betriebseigenen Krankenversorgung in einem Knappschaftsverein, Gründer einer Bergschule und Propagandist eines Eisenbahnanschlusses Sachsens an Böhmen, dessen Wälder das Holz für die Schächte liefern sollten.

Abbildung 118: Dampfschneidemühle und Bauholz-Handlung von Bässler und Bomnitz Leipzig 1856. Farblithographie. Louis Oesler, Album der sächsischen Industrie. Neusalza 1856, Band 2, S. 12. »Die hier geschnittenen Bretter und das Bauholz – welches hauptsächlich aus Böhmen bezogen wird – finden ihren Absatz vier bis fünf Meilen in der Umgegend, sowie nach dem Norden Deutschlands ... Es werden hier in einer Stunde 1200 Bretter geschnitten und man kann bei Annahme von nur zwölf Arbeitsstunden die tägliche Production auf 14–15,000 Bretter berechnen.« Nur zwölf Stunden Arbeitszeit. Der Einsatz von mit Steinkohle betriebenen Dampfmaschinen hat den Verbrauch von Holz aus den Wäldern Böhmens weiter gesteigert. Der Transport wurde schon unabhängig von Wasserläufen, weil das Schienennetz in atemberaubender Geschwindigkeit ausgebaut worden war.

Abbildung 119: Die 1826 gegründete »Königlich Concessierte Patentpapierfabrik Gebrüder Just & Hantzsch« ca. 1890. Archiv Manfred Schober, Sebnitz. 1854 wird die erste Holzschleifmaschine von H. Schmidt aus Pirna eingesetzt, um Papier auf Basis von Holzschliffen und später an einigen Produktionsstandorten auch auf Basis von Zellulose zu produzieren. An den Nebenflüssen der Elbe Biela, Polenz, Sebnitz und Kirnitzsch entstanden in dem waldreichen Gebiet neue Mühlen oder wurden alte zur Gewinnung von Holzstoff umgerüstet, die vorher als Schneidemühlen gearbeitet hatten und gute Beziehungen zu Holzlieferanten hatten. Das Wasser der Flüsse war sauber, die Schleifsteine kamen aus den Steinbrüchen der Sächsischen Schweiz. An allen 27 Standorten der Umgebung zusammengenommen wurden 49 622 t Holzstoff pro Jahr produziert, das bedeutete zwischen 110 271 bis 141 777 Festmeter Holz – pro Jahr![167] 1892/93 betrug der geschätzte Holzbedarf für die Papierproduktion in Deutschland dann schon ein Zwölftel des Nadelholzertrages. »Um diese Grundlage der deutschen Papier-Industrie unversehrt zu erhalten, müsste von den Regierungen noch mehr als durch Aufforstungen dafür gesorgt werden, dass fortwährend nicht nur durch Abholzungen Ersatz geschaffen, sondern der Waldbestand vermehrt wird. Reichliche Pflanzung von Fichten ist dabei besonders erwünscht«, sagt Carl Hofmann in seinem Handbuch der Papierfabrikation 1891. Die Fichte ergibt beim Schleifen lange und geschmeidige Fasern, die nicht so schnell braun werden. Auch die Kiefer wurde geschliffen, war aber wegen ihres Harzgehaltes problematisch.[168]

Abbildung 120: Essen-Borbeck. Zinkhütte. Farblithographie 24 x 38 cm von François-Adolphe Maugendre (1809-1895). Auguste Bry, Societe Anonyme des Mines & Fonderies de Zinc de la Vieille Montagne, Paris 1850. Zink ist Bestandteil der Messinglegierung und wurde als Korrosionsschutz für Stahl, z.B. im Schiffbau, gebraucht. In Borbeck produzierten 1853 200 Arbeiter an 14 Röst- und 17 Destillieröfen 862 t Rohzink.[169] Hier ist bereits ein Bahnanschluss zum Kohletransport vorhanden, der idyllisch durch Getreidefelder führt.

Abbildung 121: Friedrich-Wilhelms-Zinkhütte um 1850. Maugendre a. a. O. Die Societe Anonyme des Mines & Fonderies de Zinc de la Vieille Montagne war eine belgische Hüttengesellschaft, die 1845 die Konzession erhielt, in Mühlheim / Ruhr am Rande von Eppinghofen und Mellinghofen eine Zinkhütte mit dem Namen Gewerkschaft Eppinghofen zu errichten. »Der Standort schien für ein solches Unternehmen gut gewählt. Über die Ruhr konnten die zur Zinkherstellung benötigten Erze herangeschafft und die fertigen Produkte zu den Kunden gebracht werden. Außerdem führte die so genannte Sellerbecker Pferdebahn, die zum Transport der Kohlen der Zechen Wiesche und Sellerbeck zu den Verladestellen an der Ruhr angelegt worden war, in der Nähe der Zinkhütte vorbei. Hier erhoffte man sich einen leichten Zugang zu den für die Produktion benötigten Kohlen. Leider gelang es jedoch viele Jahre lang nicht, einen günstigen Anschluss an diese Bahn zu erreichen, da die Betreiber durch eine zusätzliche Weiche eine Störung des Betriebsablaufs befürchteten«. 1873 musste der Betrieb schließen, weil immer noch ein Bahnanschluss fehlte.[170] Hier findet der Kohletransport im Pferdewagen statt. Die Hütte liegt inmitten landwirtschaftlich genutzter Felder.

Abbildung 122: Krupp Gussstahlfabrik 1861. »Usine d'Acier Fondu d' Essen«. Lithografie. Nouvelles Annales de la Construction – Série des Ateliers e. Usines N° 2, April 1861. Damals hatte Krupp im Zuge des Eisenbahnbaus großen Erfolg mit einem nahtlosen Radreifen aus Stahl und mit der Produktion von Kanonen begonnen. Das hier gezeigte Werk im Westen Essens war zwölf Jahre später schon zwanzig Mal größer und beanspruchte eine Fläche von 354 Hektar. Winzig wirken die Pferdefuhrwerke im Vordergrund, winzig die Menschen in der Vogelflugperspektive und stolz der ungefilterte schwarze Rauch aus zwei Dutzend Schornsteinen. An der Allee links der Anlage noch ein Bauernhof, auf der Wiese weiden Kühe. Die nur kümmerlich mit Bäumen bestandene Landschaft lässt etwas von dem Raubbau an den Wäldern des Ruhrgebiets oder ihr Absterben durch Rauchgase erahnen, die mit der rasanten Entwicklung der Schwerindustrie einhergingen.

Abbildung 124 (rechte Seite): Achenbach Neusser Hütte 1867. Andreas Achenbach (1815-1910), Öl auf Holz 25,4 x 27,4 cm. Stadtmuseum Düsseldorf. »1860 siedelte sich die Neusser Bergbau- und Hüttenkommanditgesellschaft am Eingang des Erfthafens an und betrieb hier eine Eisenhütte mit einem Hochofen und 17 Koksöfen. 1866 wurde ein zweiter Hochofen errichtet, der mit 7.000 Kubikmetern einer der größten des Kontinentes war.«[171] Ein Holzlager am Rhein und eine Rauchentwicklung, die bei den frühen Koksöfen die Regel war. Mit dem Umstieg von Holz- auf Steinkohle als Energieträger im Zuge der Industrialisierung war das Schicksal der Wälder im Ruhrgebiet besiegelt. Es waren vor allem Eichen, Birken und Erlen, die in bäuerlicher Weise als Nieder-, Mittel- und Hochwald genutzt und missbraucht worden waren.

Abbildung 123: Steinkohlezeche »Bergwerksgesellschaft Ver. Gideon« in Vormholz zwischen Witten und Hattingen. Radierung von Hermann Ketelhön. Reviergalerie Günter Mowe. Eine Darstellung kurz nach ihrer endgültigen Stilllegung 1953. Die Zeche war seit ihrer Gründung 1862 mehrfach stillgelegt und wieder angefahren worden, zuletzt 1944. Die heruntergekommene Anlage dürfte noch aus der Zeit ihrer Gründung stammen, als auch die oberirdischen Gebäude und Funktionsteile aus Holz errichtet wurden.

Die Werksanlagen und Siedlungen benötigten große Flächen, die Zechen Holz für ihre Betriebseinrichtung und die Schachtanlagen. Anfang der 1890er Jahre verbrauchte der Ruhrbergbau schon 1173 000 Festmeter Holz pro Jahr, und 1907 bereits 2 650 000 Festmeter. Damit einher ging eine Änderung der eingesetzten Hölzer. Die schweren Buchen hielten dem Druck nicht stand, Eichen waren jetzt zu teuer, man bevorzugte gegen Feuchtigkeit imprägniertes Nadelholz, und von ihm die Kiefer, die schon nach 30 Jahren einsetzbar war und die Geräusche von sich gab, wenn sie zu bersten drohte, ein »Warnvermögen« besaß. Die Wiederaufforstung hielt mit dem Tempo des Bedarfs nicht Schritt oder misslang wegen des sauren Regens. Das Ruhrgebiet war in den 1930er Jahren praktisch entwaldet.

Eisenbahn

Der Eisenbahnbau entwickelte sich zum wichtigsten Industriezweig, der riesige Kapitalien privater und staatlicher Anleger verschlang, in Deutschland bis zu einem Drittel der Staatshaushalte. Überall schossen Stahl- und Walzwerke und Maschinenbauunternehmen aus dem Boden. 300000 Menschen waren in Deutschland Jahr für Jahr nach einer Schätzung von Sombart im Gleisbau und bei der Herstellung des rollenden Materials beschäftigt.[172] Während anfangs 91 cm lange Fischbauchschienen auf Sand- oder Granitsteinen ohne Querstabilisierung montiert wurden, setzte sich seit den 1850er Jahren der spursichere Schwellenbau mit die Spurbreite weit überragenden 2½ m langem, und 20 cm dickem Holz durch. Der Vorrat der am besten geeignete Eiche ging schnell zur Neige, sie widerstand der Verwitterung rund 15 Jahre, die Buche verrottete unbehandelt schon nach drei Jahren, Fichten und Kiefern nach fünf bis sieben Jahren. Das führte auch hier zu einer Bevorzugung von mit Teeröl unter Druck imprägnierten Nadelholzes.[173] Zuerst wurden also die Eichenbestände stark reduziert, dann ging es der Buche an den Kragen, bis man nach jahrelanger Erfahrung bei Kiefer, Tanne, Fichte und Lärche landete. Mit der Ausdehnung des Schienennetzes nahm auch der Ersatzbedarf verrotteter Schwellen zu und mit ihm der Druck des Marktes auf die Forstwirtschaft, auch hier Nadelhölzer bei der Aufforstung vorzuziehen.

Abbildung 125: Der Rheinische Bahnhof in Aachen an der Linie Köln-Antwerpen, der erste Grenzbahnhof der Welt 1843. Tuschezeichnung. Aachener Geschichtsverein. Im Hintergrund der bogenförmige Eisenbahnviadukt, über den der Zug von Rothe Erde aus die Höhe des Bahnhofs mit einer Lokomotive aus Newcastle erklomm. Er transportierte Kohle. Der Maschinenfabrikant aus Wetter an der Ruhr und Politiker Friedrich Harkort (1793-1880) hat 1833 in einer Propagandaschrift für den Eisenbahnbau von Minden nach Köln die Steinkohle als Basis für den kommerziellen Erfolg der Eisenbahn gesehen. »Der steigende Bergbau vermehrt den Holzbedarf. Schweres Bauholz wird schon jetzt aus den Gegenden der Lippe herbeigeholt und täglich zeigt sich der Mangel fühlbarer.« Auch die Fabrikdistrikte verbrauchten Bauholz. Aber obwohl der Holzbedarf im Steinkohlenbergbau enorm sei, sei die Steinkohle wegen ihres Heizwerts nicht nur preiswerter, sondern spare letztlich auch Holz. Die Eisenbahn transportiere beide Produkte erheblich billiger als Pferdefuhrwerke.[174]

Abbildung 126: Eisenbahn Toggenburgbahn Schweiz. Lithografie von J. J. Hofer (1826-1892), Zürich. Wikimedia commons. Die Toggenburgbahn Will-Wattwil-Ebnat-Kappel mit Anschluss an die Strecke Winterthur-St. Gallen-Rorschach wurde 1870 eröffnet, hier in Lichtensteig im Kanton St. Gallen zwischen Zürichsee und Bodensee. Die Lokomotive stammt von Georg Krauss & Comp. in München. Die Bahn war ein Projekt des Textilindustriellen Johann Rudolf Raschle aus Wattwil, der bis Südostasien und Nordamerika exportierte und dessen Baumwollwebereien 4 000 Arbeiter beschäftigten. Mit der Bahn suchte er Anschluss an den Bodensee. Lichtensteig liegt nur 10 km Luftlinie von der Einmündung der Linth in den Zürichsee, die nach massiven Entwaldungen und verheerenden Überschwemmungen zwischen 1806 und 1817 durch Hans Conrad Escher in einen Kanal gezwängt worden war. Auch diese Berge sind bis auf einen Fichtensaum am Kamm entwaldet. Heute wächst auf ihnen ein dichter Laubwald.

Abbildung 127: Erster Spatenstich für die Kurfürst-Friedrich-Wilhelms-Nordbahn bei Guxhagen am 1. Juli 1845. Farblithografie von Conrad Loewer 30,5 cm x 40,5 cm. J.A. Huber, Stadtgeschichte Kassel 2015, S. 250. Die 40 km lange Bahn zwischen Guxhagen und Bebra wurde am 18. September 1848 eröffnet. Die Hänge des Fuldatals sind von ihrem Niederwald entblößt, tief ausgewaschene Furchen haben sich eingegraben. Der schnelle Ausbau des Eisenbahnnetzes hatte vielerorts eine Änderung der Waldwirtschaft zur Folge, die Hermann von Lattorff 1858 so beschreibt. »Die anfänglich hohen Preise, welche die Eisenbahnverwaltungen zahlten, die noch nie dagewesene Gelegenheit, so große Holzmassen abzusetzen, endlich der große Vorrath theilweise seit 70 bis 90 Jahren angesammelter Bestände eröffneten den Spekulanten ein weites Feld. Den sonst so mißtrauischen Bauern verstand man ihre schönen Bestände abzuschwatzen, und man lernte durch die Umwandlung des Rohprodukts in Bretter, Stollen, Latten u.s.w. auch Holzmassen aus entfernten Gegenden heranzuziehen, und es bildete sich somit eine förmliche Forst-Technologie. Diese Industrie ist bis heute geblieben und an die Stelle der früheren Pläntner-Wirthschaften (sog. Femelbetrieb, H.V.), gegen die sich manches sagen ließ, die aber immer eine fortlaufende Verjüngung gestatteten, ist das Abholzen ganzer Parzellen getreten. Dabei ist oft eine jahrelange Abtriebszeit, lediglich nach dem Dafürhalten des Käufers, in den Kontrakten stipulirt, was den großen Nachtheil hat, daß die Wiederkultur hinausgeschoben wird, während der Boden unterdessen anfängt, sich mit hungerigen Gräsern zu beziehen, und von Sonne und Wind ausgezehrt wird, wovon endlich misrathene Forstansaaten die nothwendig Folge sind.«[175]

Abbildung 128: Maschinenfabrik Esslingen an der Pliensaubrücke am Standort des jetzigen Bahnhofs Mitte des 19. Jahrhunderts. Lithografie 36.2 x 19.8 cm. Wikimedia commons. Oberhalb von Bad Cannstadt war der Neckar nicht durchgehend schiffbar, der Eisenbahntransport daher die naheliegende Alternative. 1850 war die 250 km lange Strecke Heilbronn-Stuttgart-Ulm-Friedrichshafen fertiggestellt, Esslingen schon Ende 1845 mit Stuttgart und Ludwigsburg verbunden. Als am 20. Juni 1844 der erste Baum der Eisenbahn weichen musste, war die Presse nicht mehr zu halten und freute sich über das Massaker, das in den urdeutschen Wäldern angerichtet werden sollte, und endlich über frische Luft aus den Lokomotiven:

»Hurra, zur Erde Odins-Eiche
Auf deine große, grüne Leiche
mit ehernem Fuße tritt die Zeit.
Ihr Atem schnaubt – der freie, frische –
durch diese Berge, diese Büsche.
Ein Drache, welcher Feuer speit«.[176]

Am Bildrand rechts sind ein Holzlager, möglicherweise von Odins Eiche, und vor dem weißen Gebäude große Kohlevorräte zu erkennen. In der Fabrik wurden seit 1847 Lokomotiven und Waggons für die Württembergische Staatsbahn produziert, bereits im ersten Jahr 15 Lokomotiven und 60 achträdrige Wagen.[177]

»Auf deine große grüne Leiche mit ehernem Fuße tritt die Zeit«. Besser lässt sich der Zeitgeist mit seinen Folgen kaum fassen. Vor aller Augen vollzog der Wald eine gespenstisch schnelle Metamorphose, sowohl real, als auch in den Köpfen der Verantwortlichen. Der Wald war seit Menschengedenken Opfer. Aber was jetzt auf ihn zurollte, war eine Maschinerie, die ihm am Boden durch Kahlschlag und Schienenstränge und aus der Luft durch sauren Regen so geballt zusetzte, dass keine Zeit mehr für eine natürliche Regeneration blieb und vielerorts der malträtierte Boden auch eine Aufforstung durch Pflanzung nicht mehr erlaubte. Massiv rauchgeschädigte 70jährige Kiefern im Ruhrgebiet erreichten statt 25 m unter normalen Bedingungen nur noch ein Drittel ihrer Höhe, Eichen waren nach 30 Jahren so groß wie Pfirsichbäumchen. Bauern beklagten den Ausfall ihrer Obsternte.[178] Sie, deren Väter noch um Waldstreu gekämpft hatten, hatten vor ihrer Nase jetzt keine Wälder mehr, deren Wild ihre Felder verwüstete, sie sahen rauchende Schlote und erlebten Ertragsminderung trotz künstlicher Düngung. Die Städte waren im Frühjahr und Herbst in Nebel gehüllt.

Die Akademie für Forst- und Landwirte in Tharandt musste sich schon 1849 in einem Gutachten für die sächsische Landesregierung nach einer Klage der Bauern mit dem Hüttenrauch der Metallhütten in Freiberg beschäftigen. Der dortige Agrachemiker Julius Adolph Stöckhardt (1809-1886) sah an Getreide, Gräsern, Büschen und Bäumen Gelbverfärbung und kümmerliches Wachstum und konnte die schweflige Säure riechen. Die Kartoffeltriebe sahen aus wie frostgeschädigt. Fünf Jahre später war alles noch viel schlimmer. Das Laub der Bäume war schon im August verfärbt und verdorrt wie im Herbst, manche Bäume kurz vor dem Absterben, in der näheren Umgebung Viehzucht nicht mehr möglich. Die Freiberger Hüttenwerke hatten ihre Produktion gewaltig gesteigert, von 1830 bis 1852 das verarbeitete Erz nahezu verdoppelt, den Steinkohleverbrauch verfünffacht und vierzehn Mal mehr Blei »ausgebracht«. Die Produktionssteigerung war das Resultat einer Modernisierung mit Steinkohleverbrennung, Kokseinsatz und Beheizung der Flammöfen mit Gas. 1861 wurden Fichtenschäden 1 ½ Stunden Wegstrecke entfernt bemerkt, nachdem ein hoher Schornstein die Abgase nun weiter verteilte. Die Schwefelsäure entwich ohne Filterung in die Atmosphäre. Stöckhardt fand Schwefelsäure, Arsen und Blei in der Trockensubstanz der Bäume und im Schnee. Seine Beweisführung unter experimentellen Bedingungen mit Hilfe von Räucherungen von Waldbäumen und landwirtschaftlichen Nutzpflanzen veröffentliche er 1871 als Untersuchungen über die schädliche Einwirkung des Hütten- und Steinkohlenrauches auf das Wachsthum der Pflanzen, insbesondere der Fichte und Tanne.[179] Steinkohlen verschiedener Zechen, unter anderen die der oben genannten König-Friedrich-August-Hütte im Plauenschen Grund bei Dresden, enthielten alle schädliche Mengen an Schwefel, der bei Verbrennung in die Atmosphäre entwich.

In der Nähe von Tharandt befand sich eine Papierfabrik, die sich in den letzten zwanzig Jahren rapide vergrößert hatte, und nun mit 14 Dampfkesseln betrieben wurde. Stöckhardt berechnete einen jährlichen Ausstoß von 20 000 Zentnern schwefliger Säure. Dazu kam noch der Schwefelausstoß zweier großer Türkischrotgarnfabriken. Die Tannen reagierten am empfindlichsten, gefolgt von Fichte und Pflaume. In der Trockensubstanz von Zweigspitzen, Nadeln oder Rinde abgestorbener Bäume fand er zwei bis drei Mal so viel Schwefelsäure wie in unbelasteten Exemplaren. In der Nähe des Tharandter Bahnhofs waren Bäume wegen des Lokomotivrauchs geschädigt. Für den Waldbesitzer kann es also nicht gleichgültig sein, so Stöckhardt, wenn in seiner Nähe rauchende Anlagen errichtet werden. Die Einspruchsfrist betrug nur 14 Tage, die eine Überrumpelungstaktik bei gewünschten Industrieansiedlungen nahelegen.

Im letzten Jahrzehnt des Jahrhunderts waren Rauchschäden nach dem Industrialisierungsschub der Gründerzeit wiederholt Thema der Wissenschaft, und die Schädlichkeit auch geringer Mengen schwefliger Säure bei Langzeiteinwirkung für die Entwicklung junger Fichten und Kiefern wurde durch chemische Analysen der Nadeln bestätigt.[180] Das Problem war bekannt, Mensch und Natur litten darunter, aber Behörden und Gerichte, industriehörige Gutachter und Mediziner verhinderten vielfach Maßnahmen der Eindämmung. Das Ruhrgebiet war eben kein Luftkurort, damit müsse man sich abfinden, so der Gutachter Professor Brockmann von der Bergschule in Bochum.[181] Die Unternehmer konterten mit den üblichen Kostengründen. Ihr Engagement war gewollt und wurde gefördert.

Aber manchmal machten sie sich selbst das Wirtschaften schwer. Ein Papierfabrikant benötigte große Mengen Fichte für seinen Holzschliff. Wenn er seine Anlagen mit PS-starken Dampfmaschinen und Steinkohlefeuerung ohne Filterung betrieb, verursachte er den Niedergang der Fichtenwälder in seiner Umgebung und musste seinen Holzbedarf von weither unter größeren Kosten decken. Ein Unternehmer Sachsens wird daher den Eisenbahnbau nach Böhmen fordern, wie das der genannte Carl Friedrich August Freiherr Dathe von Burgk für seine Steinkohlenzechen getan hat. Mit den schon üblichen höheren Schornsteinen wird der saure Regen auch den Böhmerwald schädigen und so weiter und so fort. Es läuft immer auf die gleiche Kette von Schädigungen hinaus, und nirgendwo ein Innehalten. Da er Fichte und Kiefer braucht, will er jetzt die für ihn wertlose Buche beseitigen und an ihrer

Stelle Nadelholzplantagen anlegen. Der Bergbau brauchte Kiefern, Papierindustrie und Eisenbahnbau brauchten Fichten. Alle haben bekommen, was sie wollten. Es ist das Erbe dieser Wälder, das uns heute, vom Borkenkäfer gefressen, von der Trockenheit getötet und durch großflächige Sturmschäden zu schaffen macht.

Rückblick auf heute

In dem Jahrzehnte dauernden Gezerre um den Wald sind Argumente gefallen, die auch in den Kämpfen gegen die Klimaerwärmung eine Rolle spielen.

Nach den Zerstörungsorgien im Wald rund um die 48er Revolution waren die Vertreter der bayerischen Landwirte nachdenklich geworden. Sie trieb jetzt die Frage um, »ob Holz oder Streu oder gar am Ende kein Holz und also auch keine Streu«. Sie hatten begriffen, dass sie abhängig waren von den ihre Äcker säumenden Wäldern, dass ein stures Beharren auf althergebrachten Rechten ihnen möglicherweise mehr schadet als nutzt. Eigennutz unter Missachtung der Naturgesetze (Landoldt) hatte langfristige, nicht wieder gut zu machende Schäden zur Folge, die sofort wirksam werden konnten, von zukünftigen Generationen ganz zu schweigen. Sie führten zu einem gestörten Gesundheitszustand allen organischen Lebens (Siegfried). Eine Haltung wie »wir wollen nicht darben, damit unsere Enkel schwelgen«, konnte einen schon selbst empfindlich treffen und die Enkel zur Auswanderung zwingen.

Es war das Bewusstsein eines generationenübergreifenden Konflikts gewachsen, einer Verpflichtung, die Hoffnung und die Sicherheit der zukünftigen, vor den Launen einer einzelnen Generation zu bewahren (Marchand). Aber wie? Welche Triebkräfte befeuerten diese Launen?

Alle brauchten Holz, aber der Wald, der es lieferte, stand der Urbarmachung für die Landwirtschaft im Wege. Alle wollten essen. Ein typischer Zielkonflikt, der mit wachsender Bevölkerung auf eine Katastrophe zusteuerte, die den Horizont lokaler Konflikte sprengte. Die Urheber der weiträumigen Schäden saßen oft nicht dort, wo sie eingetreten waren. Die Eigentümer der Wälder waren Nutznießer des Holzverkaufs, für sich selbst brauchten sie nur einen Bruchteil ihres Besitzes. Sie waren nicht einmal Nutznießer des durch Wald gezähmten Klimas oder Betroffene bei seinem Fehlen, sondern betrieben ihr marktgängiges Geschäft aus städtischen Büros oder aus Staatskanzleien mit internationalem Horizont.

Marchand war es, der die Eigentumsfrage ins Zentrum seiner Anklage gestellt und zu einer Frage von Recht auf Unversehrtheit erhoben hat. Allgemeininteressen sind auch ein Eigentum, wie die »der öffentlichen Erhaltung und Gesundheit, die Einflüsse, welche die Wälder auf die meteorologischen Erscheinungen ausüben, das Hindernis, das sie den gefährlichen Winden entgegenstellen, ihre Einwirkung auf die Bildung der Quellen, endlich ihre Nützlichkeit, um Lawinen, Erdstürze und Senkungen des Bodens auf den Abhängen zu verhüten«. Dieses seit urdenklichen Zeiten dem Menschen gehörenden Eigentum muss gegen verantwortungslose Privatinteressen geschützt werden, auch zugunsten zukünftiger Generationen: »Die Abwesenden sind immer im Schaden, wenn die Regierung sie nicht schützt.« Der Staat aber verstand unter Allgemeinwohl Staatswohl und unter Staatswohl volle Kassen und handelte nach der Maxime der blutleeren »utopischen Ökonomisten« (Marchand) ohne naturwissenschaftliche Kenntnisse im Sinne einer Selbstregulierung des Marktes nach der schlichten Formel von Angebot und Nachfrage. »Freilich giebt es auch Forstfinanzmänner genug, welche in dem Verschwinden der Privatwaldungen und der sich hierdurch natürlich steigernden Verwerthung der Staatsforsten einen günstigen Umstand erblicken und die aus dieser Erhöhung der Staatseinnahmen auf die Hebung des Gesammtwohlstandes zu schließen geneigt sind.« (Lattorff)

Staatlicher Zwang gegen schrankenlose Vernichtung. Der Staat als Wohltäter und Wächter und nicht als Profiteur des ökologischen Desasters. Verbot des Kahlschlags, Gebot der Wiederaufforstung, Bannwald, notfalls Enteignung oder Kauf sind die Werkzeuge des Staates gegen private Gier und Willkür. Fluch über die Regierungen, die nicht danach handeln. Das alles stand schon damals im Raum.

Roßmäßler dehnte den Eigentumsbegriff weiter aus. Inmitten des hemmungslosen Raubbaus an den Wäldern Europas im Zuge der Industrialisierung propagierte er eine »klimatische Union Europas«, in dem der Waldbesitz des Einzelstaates verpflichteter Privatbesitz dieser Union werden sollte: »Man spricht von Privat-, Gemeinde- und Staats-Waldbesitz, aber von internationalem spricht man nicht, d.h. von solchem, an welchem nicht bloß diejenige Nation oder derjenige Staat ein Eigenthumsrecht hat, auf dessen Gebiete er liegt, sondern an dem auch andere, und zwar nicht immer bloß die unmittelbar benachbarten, Staaten ein klimatisches Nutznießungsrecht geltend zu machen haben«. Um das zu erreichen, wollte er »den Wald unter den Schutz des Wissens Aller« stellen.

Gute Luft und ausgeglichenes Klima als klimatisches Nutznießungsrecht über nationale Grenzen hinweg zu definieren, war schon damals ein nicht zu tolerierender Eingriff in das Recht einer jeder Nation, ihre Umwelt nach eigenem Gutdünken zu zerstören und die des Nachbarn gleich mit. Es war außerdem längst bekannt, dass die Rauchgase aus Koksschlöten der Industrieanlagen keine Grenzen kannten und dass ihnen selbst in den betroffenen Ländern keine Filter vorgesetzt wurden. Es war bekannt, dass Fichte und Kiefer nicht überall geeignet sind, und doch wurde »erzogen« und umerzogen, was Industrie und Eisenbahn haben wollten – Fichte und Kiefer, von der sie längst wussten, dass sie auf Rauchgase am empfindlichsten reagieren und Monokulturen schädlings- und sturmanfällig sind.

Der Schutz des Wissens aller reichte schon damals nicht. Wer etwas weiß, wird nicht zum Sünder wider Wissen, wollte Roßmäßler Glauben machen – eine reichlich naive Vorstellung. Wissen versetzt keine Berge. Es rennt gegen Mauern und holt sich an den herrschenden ökonomischen und politischen Verhältnissen eine blaue Nase. Wenn, wie beim Klima, Täter und Opfer im Nebel einer undurchsichtigen Gemengelage verschwinden oder sich in einem Netz menschlicher Gewohnheiten verfangen, werden die vielen Wissenden gleich mit stranguliert. Die Eingeforsteten des Sebalder Waldes waren Opfer eines schikanösen Eigentümers und Gewohnheitstäter bei der Zerstörung des Waldes. Sie hatten keine andere Wahl und mussten weitermachen. Die Arbeiter im Ruhrgebiet waren Opfer einer Produktion, die sie selbst befeuerten. Sie haben gewusst, woher die Schwaden kamen, in denen sie husten mussten, die ihren Gemüsegarten vergifteten und die umliegenden Wälder sterben ließen. Auch sie hatten keine Wahl, wenn sie und ihre Familien überleben wollten. Die Verantwortlichen in Bern wussten um die desaströse Wirkung der Entwaldung. Das Wissen genügte nicht, ihr Verhalten zu ändern. Es gab zu viele unter ihnen, die vom Holzverkauf profitierten oder aus durchsichtigen Gründen Nationalreichtum mit Staatseinnahmen gleichsetzten. Das Wissen aller macht beim Klima lediglich aus bewusstlosen alle zu bewussten Tätern und Opfern. Und dann?

Nach den verheerenden Überschwemmungen in den Alpen war zumindest klar, dass Habgier und »haben wir schon immer so gemacht« dahinter steckten. Wenn menschengemacht, ließ sich etwas dagegen machen. An einigen Bildern ist zu sehen, dass Änderungen möglich waren, dass wieder aufgeforstet wurde. Erfolge waren spürbar und sichtbar. Dieser Beweis der Effektivität naturwissenschaftlichen Wissens hat nicht dazu geführt, dass nicht an anderer Stelle weiter geholzt wurde und sich die Probleme einfach verlagerten. Menschen sind eben pfiffig und werden zum Problem, wenn sie nicht träge oder stur sind. Sind sie träge oder stur, so werden sie zum Problem, wenn sie sich ändern müssen, um dem durch Misshandlung der Natur selbst verursachten Elend zu entgehen – siehe die Beobachtungen Marchands im Jura.

Marchand wollte nicht beim Wissen ansetzen, sondern beim Verständnis von Eigentum. Am meisten umgetrieben haben ihn die im Schwange befindlichen ökonomischen Theorien, deren kurzatmiger Regelkreislauf nicht zum hundertjährigen des Waldes passt. Er passt vielleicht noch zur Kartoffel, aber im Grunde seines Herzens glaubte Marchand, dass diese Art des Wirtschaftens die Natur zerstört, dass der Mensch, ob stur oder pfiffig, der Natur

Gewalt antun muss und sein Handeln auf Vernichtung der Selbstregulation der Naturkreisläufe hinausläuft. Erste Ansätze eines größeren Zusammenhangs sind bei den dem Wald zugeschriebenen »meteorologischen Erscheinungen« zu erkennen, die er nur lokal beweisen kann, aber global im Rückgriff auf die Geschichte der nicht gerodeten Wälder Germaniens im Blick hat.

Wirtschaftstheoretiker, die von sich selbst behaupten, die Realität korrekt abzubilden, nennt Marchand deshalb utopisch, weil sie dem Glauben an eine allzu simple Rechnung anhängen, in der die klimatischen Schäden des Raubbaus als Profite bei den Waldbesitzern auftauchen. Es ist die Utopie des entfesselten freien Marktes, der alles ohne jeden Eingriff regelt und im Gleichgewicht hält und der ihn beim Wald auf die Palme bringt. Die örtlichen natürlichen Regulationsmechanismen waren unter Marktbedingungen längst gekippt, als diese Propagandisten der unbegrenzten Verfügbarkeit über den Privatbesitz immer noch nicht bereit waren, Korrekturen an ihrem Modell vorzunehmen und dem ungehinderten Treiben der Entwaldungen Einhalt zu gebieten. Wenn der Habgier keine Fesseln angelegt würden, seien weitere Katastrophen programmiert, die nicht den Verursacher träfen, sondern die Bewohner weit entfernter Täler. Es sei billiger, aufzuforsten als Kanäle gegen Überschwemmungen zu bauen. Das war der kleine Köder, den Marchand den Unverbesserlichen in der Regierung hingeworfen hat, die unter gesamtwirtschaftlicher Rechnung und nationalem Wohlstand Steuereinnahmen verstanden und Kosten der Regulierung scheuten. Die wiederkehrenden Schäden im Emmental waren jedoch so gewaltig, dass sie wegen des Ausfalls der landwirtschaftlichen Produktion auch auf das Staatssäckel und die Versorgung mit Lebensmitteln durchschlugen. Das tat richtig weh und zwang zum Handeln.

Der Wendepunkt vom Nichtstun zum Handeln kam also nicht durch das schon lange vorhandene Wissen um die Ursachen der Überschwemmungen, sondern durch die Aussicht auf dramatisch steigende Kosten bei fortbestehender Passivität. Bezahlt haben den Schaden nicht die Profiteure, sondern die Geschädigten mit dem Verlust ihrer Lebensgrundlage und alle übrigen die Reparaturen mit ihren Steuern. In Deutschland hatten rauchgasgeschädigte Bauern und Waldbesitzer nur selten Erfolg vor Gericht. Die Zumutungen der Industrialisierung wurden von Richtern als hinzunehmender Normalzustand angesehen. Auch hier blieben die Betreiber ungeschoren.

Die Forstwissenschaft hat eine zwiespältige Rolle gespielt. In der Auseinandersetzung um die Entnahme von Waldstreu konnte sie zeigen, dass dies die Wälder langfristig bis zum endgültigen Ende in einer Heidelandschaft schädigt. Damit lag sie völlig richtig. Als es um die Wiederaufforstung ging, mutierte ihre Forderung nach einer natürlichen Waldentwicklung zur »wissenschaftlichen Holzzucht« (Schultze), unter deren Schirm, anders als von Schultze erhofft, nur noch Fichten und Kiefern wuchsen. Die Forstwissenschaften missbrauchten ihre Kenntnisse über das Wachstum der Bäume zur wissenschaftlich verbrämten Eingliederung in die Wertschöpfungskette der Industrie. Klima, biologische Vielfalt oder ästhetischer Genuss hatten in Zuwachstabellen keinen Platz. Der Wald »als Wärmeleiter zwischen den Luftschichten« (Reuter) hatte ausgedient und war zum Weiterleiten von Geldströmen degeneriert.

»Die Natur hat das Schicksal der Sterblichen durch verborgene Ketten an die der Wälder gefesselt«, sagte de Jonnès 1826. Viele dieser Ketten lagen noch im Verborgenen, als sich die Menschen an weit auseinanderliegenden Orten ihrer bewusst geworden waren. Der Kohlenstoffkreislauf der Wälder war nach ersten Erkenntnissen mit dem Auftauchen des Menschen ein für alle Mal festgelegt und blieb trotz der Verbrennung fossiler Brennstoffe unverändert (Liebig). Wir wissen heute, dass die Aufnahmefähigkeit der Pflanzenwelt für CO_2 nicht unbegrenzt ist, dass Kohlendioxid sich in der Atmosphäre anreichert, wenn wir die Verbrennung aus dem Reservoir der Erdgeschichte nicht beenden und die Rodungen riesiger Waldflächen stoppen. Die Ketten, mit denen wir an den Wald gefesselt sind, liegen für alle sichtbar auf dem gestressten Planeten und Millionen von Wissenden laufen gegen dieselbe Wand, gegen die schon Marchand angerannt ist. Eine Wand aus Schlitzohrigkeit und Trägheit, aus Habgier und Unverantwortlichkeit gegenüber zukünftigen Generationen.

Anmerkungen

1 Martina Switalski, Landmüller und Industrialisierung. Sozialgeschichte fränkischer Mühlen im 19. Jahrhundert. Münster 2005, S. 116.
2 Anonym, Ueber Ablösung der Grundlasten: ein freies Wort von einem bayerischen Staatsbürger. Nürnberg 1848, S. 26.
3 Flugblätter gegen den Hunger 1847. Unterrichtsmaterialien zur jüdischen Emanzipation in Baden. Hochschule für Jüdische Studien Heidelberg 2016. PDF.
4 Vollständiger Geschäfts-Kalender für das Jahr 1847. Neue Folge: Achter Jahrgang, S. 62.
5 Carl Mainberger: Eine Woche in Nürnberg. Kurzgefasste Beschreibung der Stadt Nürnberg und ihrer Umgebungen: ein Wegweiser für Fremde. Nürnberg 1846, S. 125.
6 Der Letter = Acker am Letten, alter bayerischer Flurname für lehmig-sumpfigen Boden/Heroldsberg in alten Ansichten, Band 2. Zaltbommel 1997/Eduard Vetter, Statistisches Hand- und Adressbuch von Mittelfranken im Königreich Bayern. Ansbach 1846, S. 90.
7 Verhandlungen des Landrathes von Mittelfranken 2.-17. Oktober, Ansbach 1848, S. 100
8 Wolfgang Wüllner, Das Landgebiet der Reichsstadt Nürnberg. Altnürnberger Landschaft e. V. Mitteilungen Jg. 19, 1970. Sonderheft.
9 Allgemeine Zeitung 11. März 1848, Nr. 71, S. 1123.
10 Nürnberger Friedens- und Kriegs-Kurier Nr. 70, 10. März 1848.
11 Ansbacher Morgenblatt für Stadt und Land Nro. 40, 12. März 1848.
12 Außerordentliche Beilage zu No. 74 der Leipziger Zeitung vom 14. März 1848.
13 Königlich privilegirte Berlinische Zeitung von Staats- und gelehrten Sachen No. 61, 13. März 1848.
14 Der bayerische Gebirgsbote: Zeitschrift für Unterhaltung und öffentliches Leben. Reichenhall 17. März 1848, S. 87.
15 Der Bayerische Eilbote No. 31, 12. März 1848, übernommen von Ludwig Brunner, Politische Bewegungen in Nürnberg 1848/49. Heidelberg 1907, S. 39.
16 Johann Gottfried Zschaler, Das ewig unvergeßliche Jahr 1848 oder eine Chronik und ein Gedenkbuch für jede Familie und ihre Erinnerungen. Erste Lieferung. Dresden ohne Jahresangabe, S. 87.
17 Lars Herrmann, Dresdner Stadtteile 2006 / Johann Gottfried Zschaler, Das Noth- und Brodjahr 1847, mit besonderer Berücksichtigung auf das Königreich Sachsen. Mit 3 lithographischen Tafeln. Dresden 1847.

18 Mittelfränkische Zeitung für Recht, konstitutionelle Freiheit und Vaterland, No. 277. Nürnberg, 6. Oktober 1848.

19 Beilage Nr. LIV zu Nro. 158 der Mittelfränkischen Zeitung für Recht, konstitutionelle Freiheit und Vaterland! vom 6. Juni 1848: Stellungnahme der Bauern zu einer Erklärung eines »mittelfränkischen Forstmanns« in der mittelfränkischen Zeitung Nr. 145 vom 24. Mai 1848.

20 Geuderarchiv Heroldsberg.

21 Heß, Richard, »Meyer, Johann Christian Friedrich« in: Allgemeine Deutsche Biographie 21 (1885), S. 599-601.

22 Christian Friedrich Meyer, Der frühere und dermalige Stand der Staats- und forstwirthschaftlichen, so wie der rechtlichen Verhältnisse bei den vormaligen kaiserlichen und Reichsforsten nächst Nürnberg insbesondere. Nürnberg 1851, S. 199.

23 Max Wagner, Das Zeidelwesen und seine Ordnung im Mittelalter und in der neueren Zeit: ein Beitrag zur Geschichte der Waldbenutzung und Forstpolitik. Dissertation München 1894, S. 21.

24 Herbert May, Fränkisches Freilandmuseum. PDF.

25 Meyer, a. a. O., S. 208.

26 Meyer, a. a. O., S. 220 f.

27 Meyer, a. a. O., S. 241.

28 Meyer, a. a. O., S. 257.

29 Fürther Tagblatt No. 80, 10. Oktober 1838.

30 Bayerische Nationalzeitung No. 174, 4. November 1838, S. 709.

31 Fürther Tagblatt No. 100 vom 14. November 1838.

32 Meyer, a. a. O., S. 264.

33 Meyer, a. a. O., S. 265.

34 Max Endres, Handbuch der Forstpolitik mit besonderer Berücksichtigung der Gesetzgebung und Statistik. Berlin 1905, S. 497 f.

35 Endres, a. a. O., S. 419.

36 Ludwig Heinrich Geret, Sammlung der bisher noch ungedruckten oder noch nicht allgemein bekannten Verordnungen, Instructionen und Normen. 24. Band. Ansbach 1849, S. XII ff.

37 Verhandlungen der Kammer der Abgeordneten des Königreichs Bayern im Jahre 1848. Amtlich bekannt gemacht. 1. Band, S. 110. München 1848.

38 Bayerische Landtagszeitung Nro. 37 vom 6. Mai 1848, S. 148, Einlauf Nr. 23: Beschwerde der Eingeforsteten des Sebaldi-Waldes bei Nürnberg die Verkümmerung ihrer Forstrechte betr.; (mit Beilagen) ang. von dem Abg. Bestelmeyer. / Verhandlungen der Kammer der Abgeordneten des Königreichs Bayern im Jahre 1848. Amtlich bekannt gemacht. 1. Band, S. 473. München 1848, der Beilagenband mit Gesetzentwürfen und Ausschussberichten / Sammlung der bisher noch nicht gedruckten oder noch nicht allgemein bekannten Verord-

nungen, Instructionen und Normen 1. Januar 1847 bis dahin 1849. 24. Band. Ansbach 1849, S. 34.

39 Verhandlungen Beilage, a. a. O., S. 269.

40 »Die Motive zu dem Entwurfe eines Gesetzes über die Abschaffung, Fixirung und Ablösung von Grundlasten«. Verhandlungen Beilage, a. a. O., S. 281.

41 Verhandlungen Beilage, a. a. O., S. 286.

42 Verhandlungen Beilage, a. a. O., S. 314.

43 Verhandlungen Beilage, a. a. O., S. 311.

44 Der eigentliche Beschluss Maximilians II. erging am 27. März, wie das Wochenblatt für den Königlich-Bayerischen Gerichtsbezirk Zweibrücken Nr. 41 vom 4. April 1848 berichtet / Phoebus, Nürnberger Morgenblatt für Leser aller Stände Nr. 58, 9. April 1848, S. 231.

45 Ansbacher Morgenblatt für Stadt und Land No. 226, 6. Dezember 1848, S. 913.

46 Regierungsblatt Nr. 48 vom 2. August. In: Beilage Nr. 201 der neuen Münchner Zeitung vom 27. August 1849.

47 Endres, a. a. O., S. 229.

48 Anonym. Beschreibung des Reichswaldes bei Nürnberg in geschichtlicher und wirthschaftlicher Beziehung. München 1853. Den Mitgliedern der 16. Versammlung deutscher Land- und Forstwirthe im Jahre 1853 zu Nürnberg gewidmet. Ich habe die Finanzzahlen grob gerundet, um einen Begriff von den Größenverhältnissen zu bekommen.

49 Anonym, a. a. O., S. 55.

50 Anonym, a. a. O., S. 59.

51 Anonym, a. a. O., S. 80.

52 Christian Friedrich Meyer, Der frühere und dermalige Stand der Staats- und forstwirthschaftlichen, so wie der rechtlichen Verhältnisse bei den vormaligen kaiserlichen und Reichsforsten nächst Nürnberg insbesondere. Nürnberg 1851. Band 2, S. 156.

53 Meyer, a. a. O., S. 195 in Tagwerk, grobe Umrechnung.

54 Meyer, a. a. O., S. 179.

55 Bitte der Landeingeforsteten des Sebalder Forstes daselbst die Abgabe von Waldstreu betreffend. Angeeignet von den Abg. Crämer und Langguth. Alphabetisches Repertorium über die Verhandlungen der beiden Kammern des Landtages des Königreichs Bayern im Jahre 1859. München 1859, S. 55. Johann Georg Langguth von der Fortschrittspartei war Kaufmann und Bürgermeister in Hersbruck zwischen Nürnberg und Lauf. Er hat sich auch um die Bitte der Landgemeinden von Lauf zur Änderung des Forstgesetzes gekümmert. S. 112. Carl Crämer war Teilhaber und Werkführer einer Spiegelfabrik in Doos am Rand von Nürnberg und für Fürth Abgeordneter der zweiten Kammer, und wie Langguth von der liberalen Fortschrittspartei.

56 Allgemeine Forst- und Jagdzeitung 1848: Die Aufgaben der Forstverwaltung inmitten der Reform und Revolution, S. 161.
57 Allgemeine Forst- und Jagdzeitung, a. a. O., S. 162.
58 Allgemeine Forst- und Jagdzeitung, a. a. O., S. 202.
59 Kritische Blätter für Forst- und Jagdwissenschaft. Leipzig 1848, Band 25, zweites Heft, S. 221.
60 Kritische Blätter, a. a. O., S. 229.
61 Kritische Blätter a. O. S. 222.
62 Kritische Blätter für Forst- und Jagdwissenschaft, Band 26, erstes Heft 1848, S. 188 ff.
63 Kritische Blätter für Forst- und Jagdwissenschaft Band 27 (1849), zweites Heft S. 135.
64 Neue Jahrbücher der Forstkunde, neue Folge 1850/51, Frankfurt 1851, Band 1, S. 216.
65 Neue Jahrbücher, a. a. O., S. 72.
66 Amtlicher Bericht über die Versammlung Deutscher Land- und Forstwirthe, Band 12, Mainz 1850, S. 23 f.
67 Allgemeine Forst- und Jagdzeitung 1850, Eingangsartikel.
68 Allgemeine Forst- und Jagdzeitung Jahrgang 1849 S. 122 f.
69 Wochenblatt des Landwirtschaftlichen Vereins in Bayern April 1848, S. 124.
70 Allgemeine Forst- und Jagdzeitung 1849, S. 185.
71 Allgemeine Forst- und Jagdzeitung 1840, S. 375.
72 Kritische Blätter für Forst- und Jagdwissenschaft. Band 16 (1841), S. 20.
73 Amtlicher Bericht über die Versammlung Deutscher Land- und Forstwirthe 1841, Band 5, Güstrow 1842, S. 280.
74 Kritische Blätter für Forst- und Jagdwissenschaft. Band 17, 1842, S. 102.
75 Kritische Blätter, a. a. O., S. 126.
76 Kritische Bläter, a. a. O., S. 155 f.
77 Liebig, Die Chemie in ihrer Anwendung auf Agricultur und Physiologie, in der stark veränderten 5. Auflage von 1844, S. 11 f, S. 25 f.
78 Liebig, a. a. O., S. 207.
79 Liebig, a. a. O., S. 252.
80 Liebig, Chemische Briefe. 5. wohlfeile Ausgabe. Leipzig und Heidelberg 1865, Brief Nr. 47, S. 497. 1. Auflage 1858.
81 Allgemeine Forst- und Jagdzeitung Jahrgang 1844, S. 100.
82 Julius Sachs, Geschichte der Botanik 1875, S. 484-486.
83 Matthias Jacob Schleiden, Herr Dr. Justus Liebig in Gießen und die Pflanzenphysiologie. Leipzig 1842.
84 Allgemeine Forst- und Jagdzeitung 1847, S. 99 Schulze, Thaer oder Liebig? und S. 374 Krutzsch, Gemeinfaßlicher Abriß der wissenschaftlichen Bodenkunde.

85 Kritische Blätter für Forst- und Jagdwissenschaft Band 24, 1847, S. 1: eine Diskussion Liebigs anhand neuerer Versuche und Ansichten, vorgestellt durch Wilhelm Hirschfeld, Versuch einer Materialrevision der wahren Pflanzennahrung. Hamburg 1846.

86 Eugène-Justin soil de Moriamé, Les tapisseries de Tournai : les tapissiers et les hautelisseurs de cette ville. Recherches et documents sur l'histoire, la fabrication et les produits des ateliers de Tournai. Lille 1892, S. 316.

87 Georg Ludwig Hartig, Lexikon für Jäger und Jagdfreunde: oder waidmännisches Conversations-Lexikon. Berlin 1836, S. 269.

88 Ernst Bernleithner, Alte Glashütten im niederösterreichisch-böhmischen Grenzgebiet. Verein für Landeskunde von Niederösterreich / P. Weninger, Niederösterreich in alten Ansichten, 1975, S. 353.

89 Klaus A. E. Webert, Heimat- und Geschichtsverein für Heinade-Hellental-Merxhausen e.V.

90 Johann Christoph Eiselen, Ausführliche theoretisch-praktische Anleitung zum Ziegelbrennen mit Torf... Berlin 1802, S. 95.

91 Cremer, Beschreibung des Verfahrens beim Ziegel-Brennen im Felde am untern Rhein in den Niederlanden. In: Journal für Baukunst. Berlin 1829, S. 308.

92 Hans Peter Jeschke, Der Kern des inneren Salzkammergutes in der »Arche Noah« der Kulturdenkmäler und Naturparadiese der Welt von Morgen. PDF.

93 Klaus Brandstätter, Georg Neuhauser, Bettina Anzinger, Waldnutzung und Waldentwicklung in der Grafschaft Tirol im Spätmittelalter und in der frühen Neuzeit. PDF.

94 Hans-Peter Jeschke, Einführung in die historische Kulturlandschaft Hallstatt. Marchetti / Hufnagel, Der Bezirk Gmunden und seine Gemeinden 1992.

95 Brandstätter, Neuhauser & Anzinger, a. a. O.

96 Diderot, d'Alembert, Encyclopédie, Ou Dictionnaire Raisonné des Sciences, des Arts et des Métiers. Livorno 1775. Band 14, S. 528.

97 Historischer Verein für den Chiemgau zu Traunstein e. V., Geschichtswerkstatt Saline Traunstein PDF.

98 »Prima scuola in Architettura navale et scienza boschiva«. Terminazione del Collegio Excellentissimo sopra Boschi 16 dicembre 1777. Aus: »Autoren, Boschi Vetusti E Riserve Forestali Nel Veneto Patrimonio Di Biodiversità«. Veneto Tendenze 1/ 2017. Quaderno del documentazione del Consilio Regionale di Veneto«, S. 41.

99 Franco Viola, Foreste della serenissima: frammenti di storia forestale. Vorlesung am 9. November 2011 in Padua. PDF.

100 ASVE secreta, Materie miste notabili, Codice Paulini reg. 131-0012, pp. 22v – 23r. Archivio di stato di Venezia. Aus: »Autoren, Boschi Vetusti E Riserve Forestali Nel Veneto Patrimonio Di Biodiversità«. Veneto Tendenze 1/2017. Quaderno del documentazione del Consilio Regionale di Veneto«, S. 38.

101 Emanuela Casti, Cartography, and Territory in Veneto and Lombardy. In: Cartography in the European Renaissance, Part 1, S. 874 f. University of Chicago Press. PDF / Franco Bastianon, Il Codice Paulini, Ecologia, Economia e Politica del ‚600. Dario de Bastiani 2017

102 Bosci vetusti e riserve forestali nel Veneto. Patrimoni di diversità. Venezia 2017 PDF. Übersetzung H. V.

103 Homer, Odyssee 8. Gesang 558 – 562.

104 TU Bergakademie Freiberg, Ankündigung eines Vortrags von Jan Münch 6.April 2016.

105 Aus: Klaus Brandstätter, Georg Neuhauser, Bettina Anzinger, Waldnutzung und Waldentwicklung in der Grafschaft Tirol im Spätmittelalter und in der frühen Neuzeit. PDF.

106 Armin Hanneberg, Heinrich Schuster, Geschichte des Bergbaus in Schwaz und Brixlegg. Lapis Heft 7/8 1994, S. 13 f. / Peter Gstrein, Der Tiroler Bergbau im 16. Jahrhundert. Gesellschaft für Salzburger Landeskunde. zobodat. at.

107 STABE B V 941a: 310; Aktensammlung über die Bemühungen zur Wiederherstellung der Eisenbergwerke im Oberhasli 1756-1757. Foto Staatsarchiv des Kantons Bern. Aus: Ueli Wenger, Das Eisenwerk im Mülital, Innertkirchen. Geschichte zum Erzabbau Planplatten, Erzegg. 2013, PDF / Bergknappe 121, Oktober 2012, S. 11.

108 Braunschweig-Lüneburgische Chronica, Oder: Historische Beschreibung Der Durchlauchtigsten Herzogen zu Braunschweig und Lüneburg, Band 3, S. 1402 (1722) / Die genauen Streitpunkte in: Herzog Julius' zu Braunschweig [und Lüneburg, älterer Linie, Wolfenbüttel] Abgesandten und Räten übergebene Vollmacht und andere Produkte, so sie den subdelegierten Kommissaren in gehaltenem Verhör übergeben wegen der Grenze zu Clausthal und Zellerfeld. Sächsisches Staatsarchiv, 10024 Geheimer Rat (Geheimes Archiv), Nr. Loc. 07251/17 bis 07251/19.

109 Johann Jacob Scheuchzer, Natur-Geschichte des Schweitzerlandes. Zürich 1746, 2. Teil, S. 358.

110 Helmut Veil, Totenkopf und Schwefelblüte. Die Spur der Schwefelsäure in der Chemie des Handwerks 1500 bis 1800. Frankfurt 2016, S. 88 f.

111 Handbuch der bayerischen Geschichte Bd. 3/2: Christoph Bauer, Geschichte Schwabens bis zum Ausgang des 18. Jahrhunderts. München 1971, S. 587.

112 Karkonoskie-Museum in Hirschberg / Jelenia Góra. Abbildung entnommen aus: Gruss aus Lomnitz Nr. 48, Juli 2012, S. 22.

113 John Quincey Adams, Briefe über Schlesien. Geschrieben auf einer in dem Jahre 1800 durch dieses Land unternommenen Reise. Breslau 1805, S. 137 f.

114 Pechsieden: Pierer's Universal-Lexikon, Band 12. Altenburg 1861, S. 771-772.

115 Aus Carl Benjamin Schwarz (1757-1813), Sammlung einiger schöner Ansichten der in Herzothum Crossen befindlichen Gräflich Finckensteinischen Güter. Stabi Berlin, Preuß. Kulturbesitz. Kartensammlung. Entnommen aus Stephan Krabath & Peter Schöneburg, Pechgewinnung in der sächsischen Oberlausitz. PDF.

116 Frank Schmidt, Geologie und Kulturgeschichte des Vordertaunus. PDF März 1997, S. 3 f.

117 Frankfurter Allgemeine Zeitung, 5. März 2020, S. 34.

118 Thuro, K., Berner, Ch. & Eberhardt, E. (2005): Der Bergsturz von Goldau 1806 – Versagensmechanismen in wechsellagernden Konglomeraten und Mergeln. – In: Moser, M. (ed.): Veröffentlichungen von der 15. Tagung Ingenieurgeologie, 6.-9. April 2005, Erlangen.

119 Karl Zay, Goldau und seine Gegend : wie sie war und was sie geworden: in Zeichnungen und Beschreibungen zur Unterstützung der übriggebliebenen Leidenden in den Druck gegeben. Zürich 1807. Erklärung der Karte S. 347. S. 163 ff. Schilderung des Ablaufs.

120 Hans Carl von Carlowitz, sylvicultura oeconomica, Julius Bernhard von Rohr, Band 2, Leipzig 1732, S. 235 / Adam Friedrich Schwappach, Handbuch der Forst- und Jagdgeschichte Deutschlands. Band 2, 1888: S. 538.

121 Christoph Liebich, Vorwort zum Compendium der Forstwissenschaft. Wien 1854.

122 Thuau-Granville, Le Rédacteur, Nr. 1011 von 1798, 2 Vendémaire an 7, supplément S. 5 f. Übersetzung H. V. Die Zeitung erschien seit 7. Dezember 1795 unter der Aufsicht von Joseph-Jean Lagarde, sécretaire géneral du Directoire. Der Schriftsteller und Politiker Julius Graf von Soden zitiert Teile daraus in: Die National-Oekonomie, ein philosophischer Versuch über die Quellen des Nationalreichthums und über die Mittel zu dessen Beförderung. Leipzig 1805, 1. Band, S. 117.

123 Alexandre Moreau de Jonnès, Premier mémoire en réponse à la question proposée par l'Académie royale de Bruxelles: Quels sont les changements que peut occasioner le déboisement de forêts considérables sur les contrées et communes adjacentes. Bruxelles 1825, S. XIX. 1826 von Wilhelm von Widemann übersetzt: Untersuchungen über die Veränderungen, welche durch die Ausrottung der Wälder in dem physischen Zustand der Länder entstehen.

124 Adolphe-Jérôme Blanqui, Du déboisement des montagne: rapport lu à l'Académie des sciences morales et politique de l'Institut de France dans les séances des 23 Novembre, 9 et 23 Décembre 1843. Paris 1846.

125 Jean-Baptiste Boussingault, Mémoire sur l'Influence des Défrichemens dans la Diminution des Cours d' Eau. In: Annales de Chimie et de Physique. Par MM. Gay-Lussac et Arago. Tome soixante-Quatrième, 1837, S. 113–141.

126 Heinrich Wilhelm Dove, Über den Zusammenhang der Wärmeveränderungen der Atmosphäre mit der Entwicklung der Pflanzen. Berlin 1846, S. 93.

127 Kritische Blätter für Jagd und Forstwissenschaft 1847, Band 24, erstes Heft, S. 16

128 Allgemeine Forst- und Jagdzeitung« 1836, No. 1, 2. Januar bis No. 7, 15. Januar: Adam Peter Reuter, »Mittelbarer Werth der Waldungen über die landwirthschaftlichen Produktionen«. Weitere Schriften von Reuter: 1) Der Boden und die atmosphärische Luft in allseitigen materiellen, gasförmigen und dynamischen Einwirkungen auf Ernähren und Gedeihen der Pflanzen mit Bezug auf Land- und Forstwirthschaft. Frankfurt 1833. 2) Der Ludwigskanal zwischen der Donau und dem Maine aus dem Gesichtspunkte des Zusammenhanges der fließenden Gewässer und der Gebirgswaldungen und ihres Einflusses auf jene im Allgemeinen und auf den Kanal insbesondere. Erfurt 1837.

129 Allgemeine Forst- und Jagdzeitung 1841, S. 4 f. Schultze war der Autor eines »Lehrbuch(es) der Forstwissenschaft nach den neuesten wissenschaftlichen Grundsätzen und bisherigen praktischen Erfahrungen, staatswirthschaftlich wie aus dem gegenwärtigen Standpunkte der industriellen und sonstigen bezüglichen Verhältnisse Deutschlands angesehen«. Lüneburg 1841.

130 Clairaut Petersen, Ueber den Einfluss der Waldungen auf die Witterungsverhältnisse und das Klima in Schleswig. Altona 1846 / Kritische Blätter für Forst- und Jagdwissenschaft, Band 26, Zweites Heft 1849. S. 10, 11.

131 Charles Lardy, Denkschrift über die Zerstörung der Wälder in den Hochalpen, die Folgen davon für diese selbst und die angrenzenden Landestheile, und die Mittel, diesen Schaden abzuwenden. 2. Kapitel. Zürich 1842.

132 Der Schweizer-Bote Nro..120, 6. Oktober 1842.

133 Karl Morel, Die Helvetische Gesellschaft. Aus den Quellen dargestellt. Winterthur 1863, S. 404.

134 Wald- und Forstgeschichte der Schweiz. ETH Zürich, Departement Forstwissenschaften, Professur für Forsteinrichtung und Waldwachstum. Arbeitsbereich Wald- und Forstgeschichte. Prof. Dr. Anton Schuler. Skript zur Vorlesung 60-316, unter Mitarbeit von Matthias Bürgi, Werner Fischer, Katja Hürlimann. Version Juni 2000. PDF, S. 48.

135 Gemeinde Lauperswil im Emmental.

136 Gerhard Röthlisberger, Chronik der Unwetterschäden in der Schweiz. Berichte der Eidgenössischen Forschungsanstalt für Wald, Schnee und Landschaft 330, 1991, S. 61 f / Eduard Gerber, Die Flussauen in der schweizerischen Kulturlandschaft. 1962.

137 A. Marschand, Über die Entwaldung der Gebirge. Denkschrift an die Direktions des Innern des Kantons Bern. Bern 1849.

138 Ein Nekrolog von Xavier Kohler in »Le Jura« vom 17. November 1859 / F. Noirjean, »Xavier M.«, in: Schweizerische Zeitschrift für Forstwesen, 139, 1988, S. 563-567.

139 Marchand, a. a. O., S. 9.

140 Marchand, a.a.O., S. 12.
141 Marchand, a.a.O., S. 16.
142 Marchand, a.a.O., S. 22.
143 Marchand, a.a.O., S. 24
144 Historisches Lexikon der Schweiz online.
145 Daniel L. Vischer, Die Geschichte des Hochwasserschutzes in der Schweiz von den Anfängen bis ins 19. Jahrhundert.. Berichte des Bundesamt für Wasser und Geologie (BWG), Serie Wasser No 5 – Bern 2003.
146 Marchand, a.a.O., S. 28.
147 Marchand, a.a.O., S. 41 f.
148 Marchand, a.a.O., S. 43.
149 Marchand, a.a.O., S. 47.
150 Adolphe-Jérôme Blanqui, Du déboisement des montagne : rapport lu à l'Académie des sciences morales et politique de l'Institut de France dans les séances des 23 Novembre, 9 et 23 Décembre 1843. Paris 1846.
151 Allgemeine Forst- und Jagdzeitung 1850, S. 93.
152 J. Siegfried, Der schweizerische Jura, seine Gesteine, seine Bergketten, Thäler und Gewässer, Klima und Vegetation. Zürich 1851, S. 189.
153 Jules Thurmann, Essai de phytostatique appliqué à la chaîne du Jura et aux contrées voisines ou Étude de la dispersion des plantes vasculaires envisagée principalement quant à l'influence des roches soujacentes. Bern 1849, S. IX.
154 Jules Thurmann, Essai de phytostatique 1849. Esquisse d'une représantation des principales différences de Climat dans la Contrée (Skizze der Repräsentation der klimatischen Hauptunterschiede in dem Gebiet).
155 Siegfried, a.a.O., S. 218.
156 Hermann von Lattorff, Die Entwaldung unserer Gegenden und die Nothwendigkeit eines Forstkulturgesetzes. 1858.
157 Hermann Rentzsch, Der Wald im Haushalt der Natur und der Volkswirtschaft. 2. Auflage Leipzig 1862, von den landwirthschaftlichen Vereinen Sachsens gekrönte Preisschrift.
158 Elias Landolt, Bericht an den hohen schweizerischen Bundesrath über die Untersuchung der schweiz. Hochgebirgswaldungen, vorgenommen in den Jahren 1858, 1859 und 1860. Bern 1862, S. 296.
159 Landoldt, a.a.O., S. 306.
160 E. A. Roßmäßler, Der Wald, durchgesehen und verbessert von M. (Heinrich Moritz) Willkomm. 3. Auflage. Leipzig und Heidelberg 1881. Erste Auflage 1863, S. 10.
161 Die Gartenlaube 1959, Heft 15, S. 218-219 / Aus der Heimat Nr. 26 und Nr. 36, 1859 und Nr. 6, 1860.
162 Roßmäßler, Der Wald, 1. Auflage 1863, S. 566.
163 Kritische Blätter für Jagd- und Forstwissenschaft 1863, S. 78.
164 Allgemeine Forst- und Jagdzeitung 1859, S. 5.

165 Kritische Blätter für Forst- und Jagdwissenschaft Band 31 (1852), 1. Heft, S. 256f.
166 Kritische Blätter für Forst- und Jagdwissenschaft. Band 20 (1844), 1. Heft, S. 125.
167 Homepage Dr.-Ing. Jochen Viehrig, Jostleite 6, 01855 Sebnitz, Das Holz der Sächsischen Schweiz als Rohstoff für Papier und Pappe. Holzverwertung durch Holzschliff, Zellstoff-, Papier- und Pappenherstellung an Biela, Polenz, Sebnitz und Kirnitzsch.
168 Carl Hofmann, Praktisches Handbuch der Papier-Fabrikation Band 2. Berlin 1891, S. 1242.
169 Burhard Zeppenfeld, Zinkhütte Altenberg, Rheinische Industriekultur. PDF.
170 K. Rawe, Mühlheimer Zeitzeichen.
171 offizielle Website Neuss.
172 Wolfhard Weber, Die Entstehung des deutschen Eisenbahnnetzes. journals ub.uni-heidelberg. icomoshefte. PDF/Eduard J. Belser. Waldwissen.net.
173 Harumi Michelle Waßerroth, www.brandenburger-in.de.
174 Friedrich Harkort, Die Eisenbahn von Minden nach Cöln. Hagen 1833. Holzbedarf Bergbau S. 11. Tabelle dazu S. 60.
175 Hermann von Lattorff, Die Entwaldung unserer Gegenden und die Nothwendigkeit eines Forstkulturgesetzes. Dessau 1858.
176 Aus: Stuttgarter Zeitung, 21.10.1995. Leider konnte ich die ursprüngliche Quelle nicht finden.
177 Max Mayer, Lokomotiven, Wagen und Bergbahnen: geschichtliche Entwicklung in der Maschinenfabrik Eßlingen seit dem Jahre 1846. Berlin 1924, S. 30. Archiv der Maschinenfabrik Esslingen im Wirtschaftsarchiv Baden-Württemberg.
178 Franz-Josef Brüggemeier: Der Umgang mit natürlichen Ressourcen im Ruhrgebiet. Geschichte der Umwelt in einer Industrieregion vom ausgehenden 19. Jahrhundert bis in die 1930er Jahre. Fernuniversität Hagen. PDF.
179 In: Tharandter Forstliches Jahrbuch, 21. Jg. (1871), S. 218-254.
180 W. Schmitz-Dumont. Neue Beiträge zur Rauchfrage. Dinglers Polytechnisches Journal 1896, Band 300, S. 65-71.
181 Brüggemeier, a. a. S. 23.

Der Autor

Helmut Veil, geb. 1943, war Allgemeinarzt in Frankfurt am Main und beschäftigt sich seit Jahrzehnten mit der Geschichte der Naturwissenschaften. Er untersucht die kulturellen und ideellen Voraussetzungen epochaler Gärungsprozesse der Naturerkenntnis, in denen sich festgefügte Erklärungsmuster zersetzen und neue noch nicht etabliert haben.

Bisher erschienen

Von der Meteorologie der Sphären zum irdischen Vakuum. Wissenschaft und Religion im Barock. Ein intellektuelles Milieu – wiederbelebt aus Erasmus Franciscis Diskurs über die Luft · 2009 · ISBN 978-3-934157-99-6 · Hardcover · 384 Seiten · 51 Abbildungen · 42,– € · E-Book (PDF) 28,80 €

Geistesblitz und kühne Vermutung. Eine historische Studie zur Spekulation in den Naturwissenschaften – Ptolemäus, Cusanus, Fracastorius, Stahl, Yukawa · 2010 · ISBN 978-3-941743-08-3 · Broschur · 120 Seiten, 18 Abbildungen · 19,80 € · E-Book (PDF) 13,80 €

Mitten im Umsturz Europas. Der Geologe und Revolutionär Faujas de Saint-Fond (1741 bis 1819) · 2012 · ISBN 978-3-941743-27-4 · Broschur · 244 Seiten · 25 Abbildungen · 24,80 € · E-Book (PDF) 16,80 €

Aeronautiker zwischen Ballon und Vogelflug. Szenen aus der Kulturgeschichte des Fliegens · 2014 · ISBN 978-3-941743-41-0 · Hardcover · 156 Seiten · 43 Abbildungen · 24,80 € · E-Book (PDF) 16,80 €

Praktiker neuzeitlicher Wissenschaften im Mittelalter. Navigatoren, Rechenmeister, Ärzte, Falkner, Künstler · 2015 · ISBN 978-3-941743-51-9 · Broschur · 132 Seiten, 37 Abbildungen · 24,80 € · E-Book (PDF) 16,80 €

Totenkopf und Schwefelblüte. Die Spur der Schwefelsäure in der Chemie des Handwerks 1500 bis 1800 · 2016 · ISBN 978-3-941743-63-2 · Broschur · 136 Seiten, 34 Abbildungen, davon 16 farbig · 24,80 € · E-Book (PDF) 16,80 €

Eis und Feuer. Geologie wird Wissenschaft inmitten der Kriege Napoleons · 2017 · ISBN 978-3-941743-73-1 · Broschur · 168 Seiten · 34 Abbildungen, davon acht farbig · 24,80 € · E-Book (PDF) 16,80 €

Elektrisches Feuer 1746. Ein bizarrer Streit um Wissenschaft und Öffentlichkeit in Leipzig · 2019 · ISBN 978-3-941743-77-9 · Broschur · 136 Seiten · 14 Abbildungen, davon acht farbig · 18,00 € · E-Book (PDF) 13,00

Cholera. Ein Debakel der Wissenschaft und Politik im 19. Jahrhundert · 2019 · ISBN 978-3-941743-81-6 · Broschur · 120 Seiten · 20 Abbildungen, davon drei farbig · 18,00 € · E-Book (PDF) 12,00 €